鲜枣课堂

5G通识讲义

周圣君（小枣君）◎著

U0377430

人民邮电出版社

北　京

图书在版编目（CIP）数据

鲜枣课堂：5G通识讲义 / 周圣君著. -- 北京 ： 人民邮电出版社，2021.7（2023.3重印）
ISBN 978-7-115-55802-2

Ⅰ. ①鲜… Ⅱ. ①周… Ⅲ. ①第五代移动通信系统
Ⅳ. ①TN929.53

中国版本图书馆CIP数据核字(2021)第047215号

◆ 著　　　　　周圣君（小枣君）

责任编辑　韦　毅

责任印制　李　东　周昇亮

◆ 人民邮电出版社出版发行　　北京市丰台区成寿寺路 11 号

邮编　100164　　电子邮件　315@ptpress.com.cn

网址　https://www.ptpress.com.cn

北京捷迅佳彩印刷有限公司印刷

◆ 开本：700×1000　1/16

印张：14.5　　　　　　2021 年 7 月第 1 版

字数：207 千字　　　　2023 年 3 月北京第 9 次印刷

定价：69.80 元

读者服务热线：(010)81055552　印装质量热线：(010)81055316
反盗版热线：(010)81055315

广告经营许可证：京东市监广登字 20170147 号

内 容 提 要

　　本书基于"鲜枣课堂"微信公众号推出的 5G 系列科普文章，用图文搭配的方式搭建了关于 5G 的知识框架，提供了有趣、实用、丰富、浅显易懂的内容。本书共 11 章，从 5G 的演进背景开始，介绍什么是 5G，为什么要有 5G，接着阐释 5G 有什么特点，5G 的关键技术和研发进展如何，5G 有哪些应用方向，5G 的网络架构是怎样的，然后呈现 5G 的产业链，并进一步分析 5G 在发展过程中可能面临的瓶颈问题，以及未来的前景。

　　本书适合通信行业的专业技术人员、高等院校通信或电子信息专业的学生，以及想了解 5G 知识的初学者阅读。

序一 Foreword

　　人民邮电出版社把小枣君即将出版的《鲜枣课堂：5G 通识讲义》传给我，请我给这本书做个序。我打开样稿看着看着，不由想起了我和小枣君相识的过程。

　　2018 年，为了迎接新中国成立 70 周年，中国通信企业协会让我执笔编撰一本关于邮电部 50 年的史略。那天我们正在核稿，编委会的主任、原邮电部和信息产业部的老部长吴基传转来了一篇微信公众号文章，建议我和作者联系，在书中分享一下其中的一些图表。我打开一看，文稿文字简洁、图文并茂，虽然篇幅不长，却简练地描述了改革开放以来中国通信的发展路径和风貌变迁，尤其是图片的选择和历史沿革的表格设计颇为精当。担任了人民邮电报社二十年总编辑的我，看后很受启发，感觉作者应该是一位和我一起走过这段历程的同行。但我在脑子里搜索了好几遍，还是猜不出作者是谁。通过微信公众号联系上作者小枣君，才知道他居然是一位年龄比我小一半的青年才俊，当时他从一家知名的通信设备企业离职不久，在南京开始创办"鲜枣课堂"。不久，人民邮电出版社的编辑约我参加"科技改变中国"项目的图书策划研讨会，并告知"有一位未曾谋面但很想见您的朋友也来参会"。于是，我和小枣君有了第一次会面。

　　我很快被小枣君的科普文章所吸引，他的写作风格很有特点。通常的科普文章大多是从一个横切面来讲解技术，写得很专业，但是读起来让人感到吃力。为了让读者更容易理解新科技，这些文章也会用一些行业里常用的"比喻"来做形象化的"科普"，但"隔行如隔山，越比越麻烦"，读来让人云山雾罩。而小枣君写通信科普文章，善于从纵向的、历史的角度解读新技术，通过一条历史"跑道"，一下子就把读者带到了科技前沿，通过对技术脉络的梳理，帮助读者轻松地把握每一项技术创新的亮点和应用的价值。

哲学家有个说法，只有搞清了"我从哪里来，要到哪里去"，才能说清"我是谁"。我觉得在推进创新的时代，小枣君从历史演进的角度解读技术的文风和学风是很值得提倡的。恩格斯创立的自然辩证法之所以能够深刻地揭示科学发展的规律，很大程度上得益于他冲破了形而上学的窠臼，系统详细地研究了技术史。我觉得现在很有必要把科学史、科技发明史的知识穿插到科普教育之中，使读者对科学技术不仅知其然，而且知其所以然。这样，他们学到的知识就不是僵化的、碎片的、片面的，也容易由此激活应用创新的灵感。因为世界万物本来是相互联系的，今天是昨天的继续，也是未来的开始，从历史的角度来看世界，更容易帮助人们预测和把握未来。

现在，小枣君的新作《鲜枣课堂：5G 通识讲义》就要出版了，我希望他的这本书能够得到大家的喜欢，更希望他从技术演进的角度学习和研究 5G 的方法能够得到推广。

人民邮电报社原总编辑　武锁宁

2021 年 3 月

序二 Foreword

　　"人生也有涯，而知也无涯"，当我开始对这句话一知半解时，已经在这个行业摸爬滚打了大约 10 年，那时候 3G 刚刚起步，大家都在热烈地讨论 i-mode（编辑注：即日本在 2G 时代的一个准数据业务品牌）。那时候，我觉得通信的发展已经快到巅峰了，难道还能把整个互联网搬到手机上吗？技术还能怎么发展呢？通信知识的"无涯"有时候是令人绝望的。在这个行业浸润的时间越长，这种绝望感越强。当我单纯只是觉得从时间的维度来看追不上知识的更新时，4G/5G 又给我增加了另一层的绝望，如果从行业融合的维度来看，更新的技术更是很难穷尽。但在这绝望之中，有人一直在负重前行。

　　我很早就认识小枣君。从合作写一本书（编辑注：《智联天下：移动通信改变中国》），到成为他的微信公众号的粉丝，每天去他的"道场"看看成为我的日常。在这个行业做知识普及，我认为充满了"以有涯随无涯"的悲壮。不仅仅因为横向和纵向的无涯的知识海洋，还有更深一层的是，如何能够把这些晦涩的知识、枯燥的技术以温和而浅显的方式告诉别人……

　　我读过一点佛经。有一本书里讲到，佛陀告诉他的弟子，你们是不是认为我讲了很多真理，你们千万别这么认为，如果有人说佛陀传授给世人无数的真理，这是在诽谤我，我一生修行，一个字都没有说……这话真的是很费解，特别是站在学徒的立场。但是当自己有机会去给人讲课的时候，站在老师的立场，我发现能够真正地讲清楚一个概念是一件多么艰难的事情。特别是一些专业领域，充满了各种术语。小枣君现在做的事情也是这样。知其不可而为之，我敬佩他的执着与勇气。

小枣君的文字给我的印象很深。比如有一篇文章，他写的是 5G NSA 和 SA 的区别。他举例说，这就好比一个开餐馆的，生意火爆，准备扩张。这时候有两种方式，一种是另外开一家新店，连厨子带院子都是新的，这就是 SA。另一种则是只租新的院子，但后厨没有加人，大家都忙一点，也能开门做生意，这就是 NSA。我看完之后，不由击节叫好，并不断引用，来给人讲清楚这样的技术问题。

毋庸置疑，通信和互联网的大融合以及由此而诞生的各种创新，引发的掌上经济，以及进一步引发的数字革命，已经开始由消费领域燃烧到供给侧。用我们所熟知的话，那就是信息化和工业化的融合终于在 5G 时代开始实现。工业实体经济如一条源远流长的大河，经历了至少两次革命之后，数字经济的大河开始逐步汇入，因此而造就的瑰丽图景，怎么想象都不为过。我们都有幸能够在有生之年见证这些宏伟的场景，特别是这样的场景只能够在中国实现。每每想到这里，我都不由得感到激动，特别是作为一个通信人，感到很自豪。而在这个领域不畏艰险、持续"布道"的小枣君，更加了不起。

讲了这么多，还是要回到这本书。小枣君科班出身，并且长期奋战在一线。他能够站出来讲 5G，并且旁征博引，是他站在一个老师的角度，"教然后知困"，对各位业内同人的体恤，以及对爱好 5G 技术的同行人的体贴。这是迄今为止我读过的一本难得能够把艰涩的通信技术讲得生动而有趣的科普书。对我而言，也是受益良多，在此写下这些文字，表达对小枣君的敬意。

For the knowledge，for the developer evangelists（致敬知识，致敬技术布道者）！

通信人　舍光

2021 年 3 月

前言 Preface

　　5G，毫无疑问是如今这个时代最为火爆的话题之一。5G 直播、5G 车站、5G 机场、5G 无人驾驶、5G 远程手术……关于 5G 的新闻常常出现在社交媒体上，引起广大民众一波又一波的关注。

　　尤其是 2019 年 6 月 6 日工业和信息化部正式发放 5G 商用牌照之后，这一类的新闻报道就更多了。国内 5G 网络的建设步伐大大加快，越来越多的城市开始出现 5G 基站。有了 5G 信号，手机厂商也争先恐后地发布了各种款型的 5G 手机。仿佛一夜之间，5G 对我们而言已经触手可及。

　　正如大家所见，最近这十多年来，3G、4G 开启了革命性的智能手机时代，引领了移动互联网的爆炸式发展。移动支付、共享经济、网络社交……各种各样的数字应用彻底改变了我们以往传统的生活方式，带来了效率和生活品质的巨大提升。

　　在此基础上，人们对 5G 充满了期待，希望 5G 能带给我们更多的惊喜。大家迫切地想要知道：5G 究竟比 4G 强在哪里？它能给我们的工作或生活带来哪些改变？它是否真的像新闻里所说的那样，拥有重塑世界的"神奇魔力"？

　　其实，小枣君觉得，5G 并没有大家想象中的那么神秘。我们可以用简单的六个字来概括它，那就是——"既普通，又特别"。说它普通，是因为它是基于现有技术进行升级改造而发生的技术演进。说它特别，是因为升级改造的过程中，引入了令人兴奋的革命性创新，而且它的应用领域和功能定位发生了颠覆性的变化。

可能你会觉得这段话有点难以理解。别担心，就让我们通过这本书，揭开 5G 的神秘面纱，彻底搞清楚它的来龙去脉。

周圣君（小枣君）

[目 录] Contents

第1章
移动通信时代的崛起

引 言

"5G，5G，你比 4G 多 1G！"

那么，究竟什么是 5G？这个"G"到底是什么意思？

近两百年来，人类的通信技术经历了漫长的发展阶段，取得了辉煌的成就。从最早的电报电话，到现在的智能手机和移动互联网，通信无时无刻不在影响着我们的生活。在通信的整个发展过程中，究竟发生了哪些激动人心的事情？又有哪些伟大的历史时刻值得我们铭记？

本书的第1章，小枣君将带领大家找寻答案。

 5G 究竟是什么？

时至今日，相信大家对 5G 并不会感到陌生。不管是在媒体新闻中，还是在社交网络上，我们都经常能看到它的身影，对它有或多或少的了解。

尽管如此，还是允许小枣君为 5G 做一个郑重的出场介绍吧：通信科技的璀璨明珠、人类集体智慧的结晶、行业繁荣的希望之星、未来社会的改变者、4G 的正统继承者——5G，没错啦，就是它！

"5G"这么简单的名字，到底是什么意思呢？其实，5G 就是英文"5th Generation"的缩写。而 Generation，中文就是"代，一代，一辈"的意思。所以，5G 的中文直译就是"第五代"。那么问题来了，"第五代"，什么"第五代"？难道是"五代目火影忍者"[1]？哈哈，当然不是。这个"第五代"的指向非常宽泛，既可以叫"第五代系统"，也可以叫"第五代标准"，甚至是"第五代网络"或者"第五代技术"。如果叫第五代网络，就是 5th Generation Mobile Networks（第五代移动通信网络）。如果叫第五代系统，那就是 5th Generation Wireless Systems（第五代无线通信系统）。值得一提的是，5G 的英文念法并不是"fifth G"，而是"five G"。不要问我为什么，从 1G 开始就是这么叫的，已经形成惯例了。

◎ 5G Logo

5G 是一个全球性的通信技术标准。5G 有自己的官方图标（Logo），如左图所示。它的颁布者是 ITU（International Telecommunication Union，国际电信联盟）。ITU 是联合国的下属机构，专门负责信息通信技术的相关事务，包括

---

[1] 日本漫画《火影忍者》中的人物。

制定全球电信标准、促进全球电信发展。虽然我们总是"5G、5G"地叫，但事实上，5G 只是一个"小名"，或者说是"昵称"。它真正的"大名"（法定名称）叫作 IMT-2020。这个名字是 2015 年 10 月在瑞士日内瓦举办的无线电通信全会上由 ITU 正式确定的。

电报电话：近现代通信的萌芽

在继续深入了解 5G 之前，我们需要先回顾一下人类通信技术的发展历程。正所谓"观今宜鉴古，无古不成今"，这段历史对我们更好地理解 5G 有很大的帮助。

通信是人类的基本需求。通信的历史从人类文明诞生的那一天就开始了。什么是通信？通信，就是人与人或人与自然之间通过某种行为或媒介进行的信息交流与传递。更通俗一点来说，通信就是传递消息。我把信息发给你，你把信息发给我，这就是通信。

在原始社会，部落成员进行狩猎活动时，需要互相通信。当时因为条件限制，技术手段较为落后，所以"通信基本靠吼"。随着历史的车轮缓缓向前，人类社会组织的规模不断扩大，出现了城邦甚至国家。通信技术也随之不断演进，引入了很多新颖的通信方式和工具，如烽火旗语、击鼓鸣金、驿站书信，等等。这些通信手段现在看来虽然落后，但是在当时那个年代，加强了社会组织之间的联系，也促进了人与人之间的情感交流，极大地推动了人类文明的进步。

到了 19 世纪，随着电磁理论的出现和成熟，通信技术终于迎来了跨越式的发展。1837 年，美国人塞缪尔·莫尔斯（Samuel Morse）发明了莫尔斯电码和有线电报。莫尔斯的发明具有划时代的意义——它让人类获得了一种全新的信息传递方式，这种方式"看不见""摸不着""听不到"，完全不同于以往。

1839 年，全球首条真正投入运营的电报线路在英国出现。这条线路长约 20 km，由查尔斯·惠斯通（Charles Wheatstone）和威廉·库克（William Cook）主持建设。1876 年，美国人亚历山大·贝尔（Alexander Bell）申请了电话专利，由此被誉为"电话之父"。虽然真正的"电话之父"应该是安东尼奥·穆齐（Antonio Meucci），但他过于贫穷，连申请专利的钱都没有，导致被贝尔"捡了漏"。

◎莫尔斯和他发明的电报机　　◎亚历山大·贝尔

1896 年，俄国人亚历山大·斯捷潘诺维奇·波波夫（Alexander Stepanovich Popov）和意大利人伽利尔摩·马可尼（Guglielmo Marconi）几乎同时发明了无线电通信。至此，人类敲开了"无线"通信世界的大门。

◎伽利尔摩·马可尼

从步话机到手机，漫长的蓄力 ————————————————

进入 20 世纪之后，由于电子技术成熟度和材料工艺方面的限制，通信技术在很长的一段时间里发展缓慢。尤其是无线通信，通信距离、安全性、容量和稳定性方面存在的问题始终无法得到有效的解决。直到 20 世纪 40 年代，发生了几个关键事件，局面才开始扭转。

第一个事件，是步话机的发明。

第二次世界大战期间，美国军方意识到无线通信在战场上的重要性，牵头发明了世界第一台无线步话机 SCR-194。后来，摩托罗拉公司参与了这个项目，研发了后续型号 SCR-300 和 SCR-536。军用步话机可以说是无线通信技术的一次重大创新。它的出现，向人们展示了无线通信的美好前景。

◎摩托罗拉公司研发的 SCR-300 军用步话机

第二个事件，是信息论的提出。

1948—1949 年，在贝尔实验室工作的美国数学家克劳德·艾尔伍德·香农（Claude Elwood Shannon）先后发表了两篇划时代的经典论文——《通信的数学原理》（"A Mathematical Theory of Communication"）

◎克劳德·艾尔伍德·香农

和《噪声下的通信》（"Communication in the Presence of Noise"）。在论文中，香农详细且系统地论述了信息的定义、怎样数量化信息、怎样更好地对信息进行编码。同时，他提出了信息熵的概念，用于衡量信息的不确定性。香农还提出了香农公式，阐述了影响信道容量的相关因素。这两篇论文宣告了信息论的诞生，也为后续信息和通信技术的发展打下了坚实的理论基础。正因为香农的杰出贡献，他被称为"信息论之父"，是公认的通信行业的"祖师爷"。

第三个事件，是半导体晶体管的发明。

1947 年，同样是来自贝尔实验室的威廉·肖克利（William Shockley）、约翰·巴丁（John Bardeen）和沃尔特·布喇顿（Walter Brattain），他们共同发明了世界上第一个半导体晶体管。晶体管的发明开启了集成电路的时代。电子元器件的体积变得越来越小，性能变得越来越强。

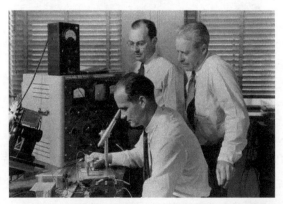

◎威廉·肖克利、约翰·巴丁和沃尔特·布喇顿

上述这三个伟大的发现（发明）彻底改变了人类社会的发展进程。对通信这个领域来说，它们加速了第二次技术飞跃的"蓄力"过程，为无线通信的高速发展提供了可靠保证。

1958 年，苏联工程师列昂尼德·库普里扬诺维奇（Leonid Kupriyanovich）发明了 Л К –1 型便携移动电话。这个电话虽然只能装在汽车上使用，但是已经有了移动电话的雏形。

◎列昂尼德·库普里扬诺维奇正在测试 Л К –1 型便携移动电话

到了 20 世纪 60 年代，以摩托罗拉和 AT&T 为代表的科技公司非常看好民用小型无线通信设备的市场潜力，开始加大对移动电话的研发投入。终于，进入 20 世纪 70 年代后，在半导体技术和计算机技术的共同刺激下，人类迎来了民用无线通信技术的大爆发。

 ## 从 1G 到 4G，波澜壮阔的移动通信大跨越———

1973 年 4 月的一天，一名男子站在纽约街头，掏出一个约有两块砖头那么大的设备，对着它说话，兴奋得手舞足蹈，引得路人纷纷侧目。这个人就是马丁·库帕（Martin Cooper），摩托罗拉公司的工程师。而

◎马丁·库帕和他发明的手机

他手上的设备，就是世界上第一个真正意义上的手机。

马丁·库帕当时拨出的第一通手机电话，是打给他在贝尔实验室的一位竞争对手的。对方当时也在研制移动电话，但尚未成功。库帕后来回忆道："我打电话给他说，'乔，我现在正在用一部便携式蜂窝电话跟你通话'。我听到听筒那头的'咬牙切齿'——虽然他已经保持了相当的礼貌。"手机的发明，标志着1G 时代的开始，也标志着移动通信时代的开始。

Tips | 如何定义无线通信和移动通信？

任何通信过程都可以看作一个通信系统作用的结果。而任何一个通信系统，都包括以下 3 个要素：信源、信道和信宿。例如我喊你的名字，我就是信源，空气就是信道，你就是信宿。我发出的声音，就是信道上的信号，这个信号带有信息。

◎通信系统的 3 个要素

信道的介质如果是电缆、光缆这样的线缆，那么信道就是有线信道。利用有线信道通信，就是有线通信。信道的介质如果是空气或者真空，那么信道就是无线信道。利用无线信道通信，就是无线通信。无线通信包括多种类型，例如广播通信、对讲机通信、手机通信、Wi-Fi 通信、卫星通信以及微波通信，等等。我们常说的移动通信，其实就是指手机通信，也叫蜂窝通信，因为手机的通信依赖于基站，而基站小区的覆盖范围看上去有点像蜂窝，如右图所示。

◎蜂窝通信系统（基站小区）

　　1G 时代，处于行业领先地位并且拥有话语权的，是美国的摩托罗拉公司和 AT&T 公司（当时贝尔实验室属于 AT&T 公司）。1978 年，贝尔实验室在芝加哥完成了 AMPS（Advanced Mobile Phone System，高级移动电话系统）的实验，并且在 1983 年投入运营。AMPS 是世界上第一批 1G 通信系统。它采用的是 FDMA（Frequency Division Multiple Access，频分多址）技术，基于蜂窝结构组网，可以支持手机在整个服务覆盖区域内自动接入公用电话网。在 AMPS 之后，陆续有多个国家和地区推出了自己的 1G 标准，例如北欧的 NMT、英国的 TACS、联邦德国的 C-Netz，还有日本的 JTAGS。这些都是国家或地区标准，并没有进一步形成国际标准。其中，英国的 TACS（Total Access Communication System，全接入通信系统）是一种全接入通信系统技术，包括我国在内的许多国家，在建设通信系统时都借鉴了这项技术。1987 年 11 月 18 日，在第六届全运会开幕前夕，我国第一个模拟蜂窝移动电话系统在广东建成并投入商用（使用了瑞典爱立信公司的设备），采用的就是 TACS 技术，实现了我国移动电话"零"的突破。

　　虽然 1G 在很多国家和地区开花结果，但是事实上它并不是一种成熟可靠的制式标准。因为它采用的是模拟信号技术，这种技术带来了保密性差、容量低、通话质量差、信号不稳定等一系列问题。20 世纪 80 年代后期，随着大规模集成电路、微处理器与数字信号处理技术的更进一步发展和成熟，人们开始研究将数字技术引入移动通信系统中。

于是，很快我们就迎来了 2G。

1982 年，为了改变美国在通信标准领域一家独大的现状，欧洲邮电管理委员会成立了"移动专家组"，专门负责通信标准的研究。这个"移动专家组"的法语名称是 Groupe Spécial Mobile。后来，这一名称被改为"Global System for Mobile Communications"（全球移动通信系统），这就是大名鼎鼎的 GSM。GSM 的成立宗旨，是要建立一个新的泛欧标准，开发泛欧公共陆地移动通信系统，它还提出了高效利用频谱、降低系统成本、手持终端和全球漫游等要求。

随后几年，ETSI（European Telecommunications Standards Institute，欧洲电信标准组织）完成了 GSM 900 MHz 和 1800 MHz（DCS[2]）的规范制定。1991 年，GSM 系统在欧洲开通运行，标志着移动通信正式步入了 2G 时代。此后，全球多个国家和地区都基于 GSM 技术建立起了自己的移动通信网络，GSM 变成国际上最受欢迎的移动通信标准。

与此同时，另一个 2G 通信标准也逐渐发展起来，那就是 CDMA（Code Division Multiple Access，码分多址）。CDMA 所基于的扩频技术其实在第二次世界大战时期就已经出现了。当时的好莱坞女星海蒂·拉玛（Hedy Lamarr）和钢琴师乔治·安泰尔（George Antheil）合作，发明了扩频通信并申请了专利。海蒂·拉玛也被后人称为"CDMA 之母"。但是扩频通信当时并没有引起美国官方的重视，只是在第二次世界大战之后的冷战期间被用于军用保密通信。

到了 20 世纪 80 年代，美国高通公司发现了扩频通信的商业价值，并在此基础上发明了 CDMA 通信技术。1991 年，高通正式开展了 CDMA 系统的现场试验。1993 年，CDMA 被确定为美国数字蜂窝移动

[2] DCS 即 Digital Cellular System，数字蜂窝系统。

通信标准（IS-95A）。再后来，CDMA 网络陆续在中国香港等地区和韩国、美国等国家开通。

至此，全球移动通信领域形成了 GSM 和 CDMA 全面竞争的局面。GSM 的核心是 TDMA（Time-Division Multiple Access，时分多址）技术。CDMA 的核心是码分多址。从技术的层面来说，CDMA 比 GSM 更为优秀。它的容量更大，抗干扰性更好，安全性更高。 但是，CDMA 起步较晚，当时 GSM 已经在全球占据了大部分的市场份额，是事实上的全球主流标准，再加上使用高通的 CDMA 需要缴纳巨额的专利授权费，所以，虽然同属 2G 标准，CDMA 的影响力和市场规模还无法与 GSM 相提并论。1993 年 9 月，我国在浙江嘉兴正式开通了国内第一套 GSM 系统，设备由上海贝尔公司和阿尔卡特公司提供。此后，全国各地都开始采用 GSM 技术和设备建设移动通信网络。1997 年，我国启动了 CDMA 试验网（即中国长城网）的建设。2002 年 1 月 8 日，中国联通的 CDMA 网络正式开通。至此，我国就有了 GSM 和 CDMA 两种 2G 网络。

在 2G 高速发展的时期，还发生了一件重要的事情，那就是互联网的爆发。20 世纪 80 年代，计算机技术日益成熟，计算机网络技术也随之蓬勃发展，相关基础理论逐渐完善，并最终催生出强大的互联网。互联网崛起之后，数据通信的需求呈爆炸式增长。在互联网出现之前，人们通信的主要传输内容为语音。互联网出现之后，通信网络的主要传输内容开始变成了计算机数据报文。这些数据报文就是图像、音频、视频等多媒体文件的载体。

传统的 2G 网络以语音业务为主，无法满足用户对数据业务的需求。为了改变这一局面，让用户可以用手机上网，整个通信行业加紧了对 3G 网络的研发。1996 年，欧洲成立了 UMTS（Universal Mobile Telecommunications Service, 通用移动通信业务）论坛，该论坛专注于协调欧洲 3G 标准的研究。以诺基亚、爱立信、阿尔卡特为代表的欧

洲阵营清楚地认识到 TDMA 不是 CDMA 的对手。于是，它们开始抛弃 TDMA，拥抱 CDMA，开发出了原理相似的 WCDMA（Wideband CDMA，宽带码分多址）系统。为了能够和美国抗衡，欧洲还联合日本等采用 GSM 标准的国家和地区，共同成立 3GPP（3rd Generation Partnership Project，第三代合作伙伴计划）组织，合作制定了全球第三代移动通信标准。反观北美阵营这边，内部意见还存在分歧。以朗讯、北电为代表的企业支持 3GPP 的 WCDMA。而以高通为代表的另一部分厂商联合韩国的企业组成了 3GPP2，与 3GPP 抗衡。它们推出的标准是基于 CDMA 1X（IS-95A）发展起来的 cdma2000（CDMA EVDO）标准。我国在这一时期也推出了自己的 3G 标准候选方案（即大家熟知的 TD-SCDMA），共同参与国际竞争。这是有史以来我国第一次在世界通信领域提出自己的标准。经过激烈的角逐和博弈，最终，ITU 确认了全球 3G 的三大标准，分别是欧洲主导的 WCDMA、美国主导的 cdma2000 和中国的 TD-SCDMA。

从名字可以看出来，这三大技术都和 CDMA 有密切的关系，都是基于码分多址技术的。在码分多址技术的加持下，3G 网络的传输速率相比 2G 网络有了大幅的提升，达到 14.4 Mbit/s（WCDMA 的理论下行速率），可以满足基本的多媒体业务需求。

Tips | 多址技术小知识

　　频分多址（FDMA）：给不同的用户分配不同频率的信道进行通信。我们把频率资源想象成一个房间，如果把房间分割成不同的空间，不同的用户在不同的房间里聊天，这就是频分多址。

◎频分多址类比图

时分多址（TDMA）：对信道进行时域上的划分，将一个信道平均分配给8个通话者，一次只有一个人能讲话，每个人分别用1/8的信道时间。还是用上面在房间里聊天的方式来举例，某一时间段让某个人说话，下一时间段让另一个人说话，就是时分多址。

◎时分多址类比图

码分多址（CDMA）：将编码类比成人类的语言，如果大家都用各自的语言说话，有的人说英语，有的人说日语，有的人说法语，有的人说汉语，那就是码分多址。

◎码分多址类比图

正交频分多址（OFDMA）：进阶升级版的频分多址。把空间划分成不同房间，房间和房间之间有重合，以便塞下更多的房间，这就叫正交频分多址。

◎正交频分多址类比图

虽然3G标准很快被确定了下来，但是并没有得到大规模的应用和建设。究其原因，一方面是2000年左右的全球金融危机导致互联网经济泡沫破灭，很多 IT 企业和通信企业元气大伤，要么倒闭，要么裁员，无力进行 3G 的建设；另一方面是当时用户对 3G 的需求并不强烈。那个时候，普通用户手里的手机基本以功能机为主，根本用不到那么高的网速。

◎乔布斯和苹果手机

到了 2007 年，史蒂夫·乔布斯（Steve Jobs）带领的苹果公司成功地推出了 iPhone 智能手机，打破了僵局。iPhone 的触摸屏，还有 App Store（应用商店），让所有手机用户耳目一新。谷歌公司紧随其后推出的安卓操作系统，也进一步刺激了智能手机的普及。智能手机需要更快的网速，于是，3G 开始走出低谷，成为各国运营商争相建设的"香饽饽"。智能手机 +3G 网络开启了移动互联网时代，我们的生活开始随之发生巨变。从某种意义上来说，iPhone 拯救了 3G，也拯救了当时的通信行业。

智能手机的发展速度实在太快了。没过多久，人们就发现，即便是 3G，也不足以满足用户对网速的需求。于是，4G 标准的制定被提上了议事日程。我们目前使用的 4G，基本上采用的都是 LTE（Long Term Evolution，长期演进）技术。但是，LTE 成为 4G 全球标准的过程并不是一帆风顺的。

2003 年，负责制定 Wi-Fi 标准的 IEEE（Institute of Electrical and Electronics Engineers，电气电子工程师学会）引入了 OFDM（Orthogonal Frequency‐Division Multiplexing，正交频分复用）技术，推出了 802.11g 标准，大幅提升了 Wi-Fi 标准的传输速率（达到了 54 Mbit/s）。于是，以英特尔公司为代表的 IT 厂商针对蜂窝移动通信市场推出了

802.16 标准，意图和已有的 3G 标准进行竞争。这个 802.16 标准，就是当年火遍全球的 WiMAX（Worldwide Interoperability for Microwave Access，全球微波接入互操作性）。

面对 WiMAX 的挑战，以 3GPP 为代表的传统通信行业的厂商感受到了很大的压力。于是，它们在 3G 的基础上加紧了技术研究和标准开发。2008 年，3GPP 提出 LTE 作为 3.5G 技术标准。后来，在 2011 年，3GPP 又提出以长期演进技术的升级版（LTE-Advanced）作为 4G 技术标准。不管是 LTE 还是 LTE-A，都采用了 OFDM 技术，也算是"师夷长技"。

各代标准采用的制式及理论下行速率

标准	制式	理论下行速率
1G	AMPS、NMT、TACS	—
2G	IS−95A	14.4 kbit/s
	GSM	—
2.5G	cdma2000 1X	153.6 kbit/s
	GPRS	171.2 kbit/s
2.75G	EDGE	384 kbit/s
3G	CDMA EVDO_revA	3.1 Mbit/s
	TD−SCDMA	2.8 Mbit/s
	WCDMA	7.2 Mbit/s
4G	FDD_LTE	150 Mbit/s
	TDD_LTE	100 Mbit/s

就在 3GPP 大力发展 LTE 的同时，以高通为首的 3GPP2 也没闲着。2007 年，高通提出了 UMB（Ultra−Mobile Broadband，超级移动宽带）计划，作为 cdma2000 的演进版。但是因为高通在 3G 时期的专利实在太过昂贵，所以 UMB 并没有得到多少企业的支持。大部分运营商和设备商都投入了 3GPP 的 LTE 阵营。后来，因为 UMB 实在无人问津，所

以高通干脆停掉了这个项目，自己也加入了 3GPP。

前面提到的挑战者 WiMAX，后来因为产业链不完备和兼容性差等原因，在发展过程中遭受了巨大的挫折，最终整个阵营分崩离析。于是，LTE（LTE-A）成为世界上最主流的 4G 移动通信标准，在世界范围内得以广泛普及。这一局面一直持续到 5G 的出现。

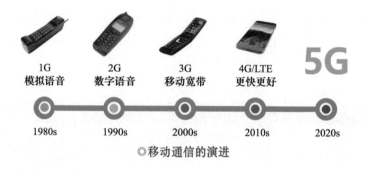

◎移动通信的演进

▷ 尾　声

通信手段从电报发展到 4G，我们经历了将近两百年的时间。正如前文所说的，这是一个漫长而曲折的过程。从用户的角度来看，通信的内容从文字发展到语音，再发展到多媒体数据；通信设备越来越小巧、方便使用；通信的资费也越来越低廉。从技术的角度来说，通信实现了从有线到无线，从模拟到数字，从频分到时分，再到码分、正交频分，从语音交换到数据交换的演进。移动通信系统的容量不断提升，安全性和稳定性也不断提升。

不积跬步，无以至千里。所有这些成果和进步，都是无数通信人一点一点努力奋斗换来的。如今，我们处于一个通信极为便利的时代，移动互联彻底改变了我们每一个人的生活，也极大地推动了整个社会的进步和发展。接下来，通信又将走向何方呢？

第 2 章
5G 登场，开启万物智能时代

引 言

历经了从 1G 到 4G 的发展，移动通信网络越来越健全、发达。移动互联网开启了空前繁荣的时代。如今，我们的日常生活已经完全离不开移动互联网。像移动打车、移动支付这样的移动应用，为我们的衣食住行带来了很大的便利。

既然如此，是不是我们的通信技术已经发展到顶峰了呢？我们还需要更先进的通信标准吗？4G 之后的通信发展方向又在哪里？

 ## 5G 究竟应该做成什么样？

正如第 1 章所说的，4G 被推向市场之后，获得了巨大的成功，助推了移动互联网的快速发展。然而，技术的进步是永无止境的，产业的发展也不可能停滞不前。所以，对下一代移动通信标准的研究被提上了日程。事实上，早在 2010 年左右，欧盟、日本、韩国、美国和中国就已经纷纷启动了对 5G 标准的预研。

2013 年年初，欧盟在第七框架计划[3]下启动了面向 5G 研究的 METIS 项目。几乎同时，我国也由工信部、国家发展改革委和科技部联合推动成立了 IMT-2020（5G）推进组。这个推进组的成员涵盖了国内移动通信领域产学研用的主要力量，它的任务很明确，就是引领我国 5G 的发展，推动我国 5G 标准的研究和布局。

◎ IMT-2020（5G）推进组的机构设置

［来源：IMT-2020（5G）推进组官网］

ITU 作为联合国下属的国际通信标准制定机构，负责牵头全球 5G 标准的研究。ITU 启动 5G 标准研究之初，曾面向全球征集 5G 的指标要求，以及对 5G 的意见和期望，即希望 5G 具备哪些功能、解决哪些问题。我国提出的方案就是后来我们经常看到的"5G 之花"。这朵"5G 之花"详细描述了我国对 5G 关键指标和特性的期望，例如，峰值速率能达到几十 Gbit/s，端到端时延能控制到毫秒级，等等。

---

[3] 即 FP7，是欧盟 2007 年启动的、投资最多的全球性科技开发计划。

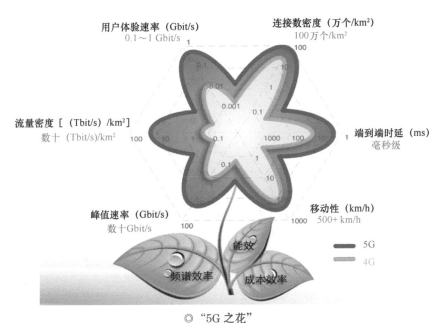

◎ "5G 之花"

［根据《IMT-2020（5G）推进组　5G 愿景与需求》白皮书中的图修改］

其他国家也纷纷提出了自己对 5G 的看法和期望。例如，韩国提出的是"火车头模型"。

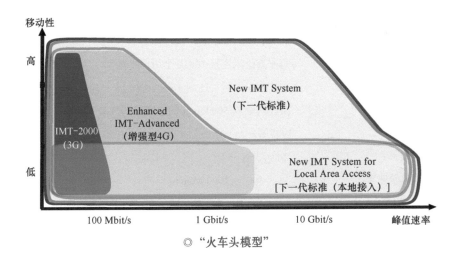

◎ "火车头模型"

最终，ITU 综合各国意见，确认了正式的 5G 指标要求。这一指标要求也被业界称为"蜘蛛网模型"。

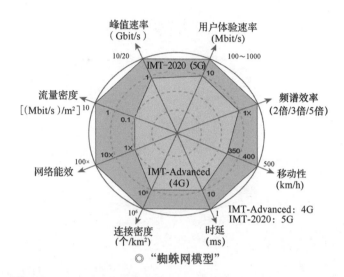

◎ "蜘蛛网模型"

"蜘蛛网"模型采纳了我国"5G 之花"中的大部分指标项目,归纳来说,就是下表中的要求。

"蜘蛛网模型"的指标

指标	ITU 的要求值
流量密度	10 Mbit/(s·m^2)
连接密度	每平方千米连接 100 万个用户终端
时延	空中接口时延可达到 1 ms
移动性	支持终端以 500 km/h 的速度移动时接入网络
网络能效	100 倍
频谱效率	2 倍 /3 倍 /5 倍
用户体验速率	可达 100 ~ 1000 Mbit/s
峰值速率	可达 10 Gbit/s 或 20 Gbit/s

仔细观察上表,你会发现,这些指标和常见的网络指标有很大的不同。手机用户对移动通信网络的要求主要集中在网速上。网速越快,用

户越满意。而上表中的连接密度、时延等指标远远超过了手机用户的正常要求。没错，5G 指标在设计之初，就不只是为手机服务的。它主要的服务对象是 IoT（Internet of Things，物联网）。以手机移动通信为代表的消费互联网又被称为"人联网"，其连接对象是人。而物联网的连接对象是世间万物。

2015 年 9 月，ITU 正式确认了 5G 的三大应用场景，分别是 eMBB（enhanced Mobile Broadband，增强型移动宽带）、uRLLC（ultra-Reliable & Low-Latency Communication，低时延高可靠通信）和 mMTC（massive Machine-Type Communication，海量机器类通信）。

eMBB 是现在的移动宽带的升级版，主要服务于消费互联网。在这种场景下，强调的是网络的带宽/速率。uRLLC 主要服务于物联网场景，例如车联网、无人机、工业互联网等。这种场景对网络的时延和可靠性有很高的要求。mMTC 也被称为大规模物联网、大连接物联网，是典型的物联网应用场景，例如智能井盖、智能路灯、智能水表、智能电表等设备的连接场景。5G 的这 3 种应用场景中，只有 eMBB 以提供人联网服务为主，uRLLC 和 mMTC 都是提供物联网服务的应用场景。

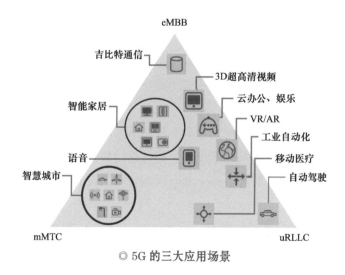

◎ 5G 的三大应用场景

5G 服务于三大应用场景，采取的是网络切片的方式。网络切片是5G 的一种特色技术，它将一张物理网络划分成若干张相互隔离的逻辑网络。不同的逻辑网络具有不同的带宽、时延等特性，可以用于不同的用户场景。这种一张物理网络服务于 N 种场景的方式，使得 5G 成为一种前所未有的全融合网络，具有很强的灵活性和适用性。关于网络切片的具体细节，我们将在第 3 章进行介绍。

5G 开启万物智联的时代

5G 要向物联网的方向发展，是由时代决定的。从 1G 到 4G，人类的基本通信需求已经得到了很大程度上的满足。虽然我们已经满足了人与人之间的通信需求，建设了美好的数字生活，但是工业、农业、能源、科研、教育、医疗、物流、城市管理等领域都有数字化、信息化和网络化的需求。这就引出了一个重要的新概念——工业互联网（Industrial Internet）。消费互联网加上工业互联网，才是完整的互联网。

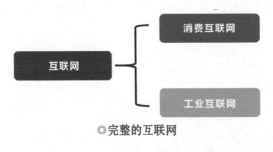

◎ 完整的互联网

随着互联网普及率的不断提升，以个人应用为主的消费互联网的发展已经接近饱和状态。相对而言，工业互联网是一片更为广阔的蓝海市场，有更迫切的需求，也有更庞大的用户群。我们不再局限于数字生活，而是升级到了数字经济这一更高的维度，目标是建设数字城市、数字工业、数字农业、数字物流，等等。在工业互联网领域，我们需要的是物联网。

物联网对我们来说并不是一个新概念。早在 20 多年前，就有人提出过将自动售货机等设备连入网络的构想。1995 年，比尔·盖茨在他的著作《未来之路》中，也提及了"物物互联"。2005 年 11 月，在突尼斯举行的信息社会世界峰会上，ITU 发布《ITU 互联网报告 2005：物联网》，正式提出了物联网的概念。此后，越来越多的企业加入这个领域，努力推动相关技术和产业的发展。

但是，"物联网"概念提出后的十余年来，其发展速度并不令人满意，既没有很突出的产品出现，也没有获得用户的认可，整体普及程度并不高。这其中很重要的一个原因，就是物联网技术本身不够成熟，而且行业未能形成统一的标准。在物联网发展的早期阶段，主流的物联网技术主要是 Wi-Fi、蓝牙、ZigBee 和 Z-Wave 等。这些技术都有一个共同点，就是覆盖范围较小（一般不超过 100 m），我们通常把它们称为 WLAN（Wireless Local Area Network，无线局域网）物联网技术。

除了覆盖范围较小之外，这类技术在功耗控制、连接稳定性、传输速率等关键指标上也存在不足。正是这些不足，导致它们无法真正满足物联网应用的要求，不能被市场和用户所接受。与此同时，在移动通信领域，蜂窝通信技术取得了飞速的发展，变得越来越成熟、可靠，于是，人们开始考虑将其引入物联网领域。

在 2G 时代，工程师们就已经着手将 GSM 技术用于物联网。当时他们开发出来的技术名为 EC-GSM。不过，因为 GSM 技术本身存在较多的不足，所以 EC-GSM 并不成功。后来，3GPP 在制定 4G LTE 标准的时候，再次想到了物联网。2008 年，LTE 的第一个版本 R8（Release 8）正式发布。在 R8 版本中，除了有满足宽带多媒体应用的 Cat.3、Cat.4、Cat.5 等终端等级外，也有上行峰值速率仅有 5 Mbit/s 的终端等级 Cat.1。这个 Cat.1，就是专门为物联网"低速率"应用设计的。

请注意，这里的 Cat 并不是猫的意思，而是英文单词 Category 的缩写，有"种类，分类"的意思。3GPP 用不同的"Cat.X"区分不同终端的速率等级和无线通信能力。

不同终端类别的相关参数

相关参数	终端类别			
	Cat.4	Cat.1	Cat.M1（eMTC）	Cat.NB1（NB-IoT）
发布版本	Release 8	Release 8	Release 13	Release 13
下行峰值速率	150 Mbit/s	10 Mbit/s	1 Mbit/s	170 kbit/s
上行峰值速率	50 Mbit/s	5 Mbit/s	1 Mbit/s	250 kbit/s

后来，3GPP 在 Cat.1 的基础上不断发展和演进，推出了 Cat.M1 和 Cat.NB1。这两个物联网技术标准就是现在我们经常看到的 eMTC（enhanced Machine-Type Communication，增强型机器类通信）[4] 和 NB-IoT（Narrow Band Internet of Things，窄带物联网）。

简而言之，eMTC 和 NB-IoT 都是在 4G LTE 的基础上衍生出来的蜂窝物联网技术，也被称为 LPWAN（Low-Power Wide-Area Network，低功耗广域网）技术。它们的特点就是覆盖范围更广、功耗更低、安全性和可靠性更高。

LPWAN 技术的出现，极大地丰富了物联网的应用场景，给物联

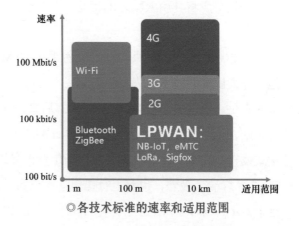

◎各技术标准的速率和适用范围

---

[4] eMTC 还有另一个名字，叫作 LTE-M。这个 M，就是 Machine（机器）的意思。

网的发展注入了活力。各行各业开始关注物联网技术与自身的结合，希望借此机遇，进一步推动行业的数字化、网络化和智能化改造，从而提升生产力，在未来激烈的市场竞争中成为赢家。

物联网行业拥有广阔的应用场景

行业	应用场景示例
交通运输	智能停车、道路收费、车队管理、物流管理、自动导航
环境保护	环境监测、动物监测
公共设施	智能抄表、智能电 / 水 / 气网、井盖监控、智能路灯、监控摄像头
医疗	医疗设备跟踪、远程医疗诊断、远程监护
制造业	工业自动化、流程监控、供应链监控、货品管理
商业金融	自动售卖机、POS 机、ATM 机、电子标牌、广告灯箱
家居	智能家居、可穿戴设备、宠物跟踪、儿童 / 老人监护跟踪、安防监控、智能影音

在这样的时代背景下，5G 作为 4G 的接班者，发展方向自然而然地就倾向物联网和工业互联网了。处于高速发展中的 5G，凭借自身物联网的特点，将承担"改变社会"的历史使命，成为开启"万物智联"时代大门的金钥匙。

 5G 标准制定的进展 ————————————————

前面提到 ITU 确认了 5G 的官方名称、技术指标和应用场景。不过，ITU 主要负责标准的立项和成果鉴定，并不负责具体的技术研究。真正的标准研究和制定工作交给了 3GPP。3GPP 研究并制定了 WCDMA 这个非常成功的 3G 标准，后来又推出了更加成功的 4G LTE 标准。在大家看来，由它负责 5G 标准的研究，是再合适不过的了。

3GPP 接到任务之后，立即开始按 5G（IMT-2020）标准的时间表着手各项具体技术的标准研究工作。5G 早期标准的制定一共分为两个阶段。第一阶段是 3GPP R15（Release 15）版本，重点是确定 eMBB 场景的相关技术标准。也就是说，先重点满足带宽提升的要求。第二阶段是 3GPP R16（Release 16）版本，包括与 uRLLC 和 mMTC 场景相关的技术规范。R15 版本和 R16 版本已经分别于 2019 年 3 月和 2020 年 7 月冻结。这意味着，5G 标准的制定已基本完成。

◎ 5G 标准的制定进程

值得一提的是，R16 版本并没有按照原计划对低功耗广域网用例进行研究和标准化，低功耗广域网会继续沿着 NB-IoT 和 eMTC 的方向演进。也就是说，原定 R16 版本要完成的 mMTC 标准化工作被推迟了。3GPP 决定将已有的 NB-IoT/eMTC 标准纳入 5G，用于满足 mMTC 场景的需求。之所以这么做，主要是因为 mMTC 的场景并不是非常明确，现有的 NB-IoT/eMTC 技术基本上可以满足用户的需求。如果开发新的 mMTC 标准，成本太高，投入太大，缺乏必要性。

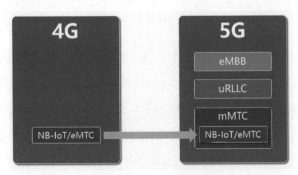

◎ 5G 纳入了 4G 的部分标准

R16 版本之后，当然还有 R17（Release 17）版本。R17 版本的主要内容包括针对 5G 的改良和演进，以及面向 6G 的早期研究。2022 年 6 月 9 日，R17 版本已经正式冻结。

如今，3GPP 将 5G 标准的制定分成两个新的阶段。R15 ～ R17 版本是第一阶段，R18 ～ R20 版本是第二阶段。第二阶段也被称为 5G-Advanced 阶段（5.5G）。R17 版本的冻结，标志着 5G 昂首迈入了 5G-Advanced 时代。移动通信技术还将发生新的巨变！

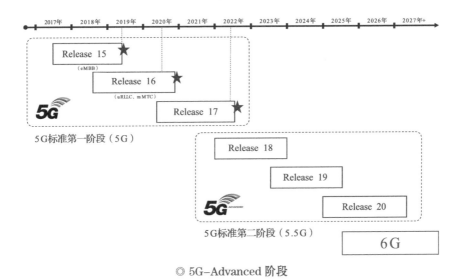

◎ 5G-Advanced 阶段

 尾 声

4G 改变生活，5G 改变社会。

5G 拥有超大带宽、超低时延、海量连接等技术优势，这些优势赋予了 5G 前所未有的能力，让它可以在广阔的行业应用场景中落地。有了 5G 的赋能，工业互联网将会像消费互联网一样，迎来全面的繁荣，包括工业、教育、金融、物流等领域在内的各行各业，将会开启新一轮的创新和增长。

数字经济全面提速的时代即将来临！

第 3 章
5G 的关键技术

引 言

5G 作为目前最先进的移动通信技术标准，在性能指标上相比 4G 有了大幅提升。这些提升，得益于移动通信领域在关键技术上的长期积累和突破创新。

在本章中，小枣君将重点介绍 5G 的一些关键技术。对这些技术有所了解，才能更好地理解后面章节中关于 5G 应用落地方面的内容。

 5G 空口关键技术 ────────────────────────

在介绍关键技术之前，我们先来了解一下移动通信网络的基本知识。从整体上来看，移动通信网络可以分为接入网、核心网和承载网 3 个部分。

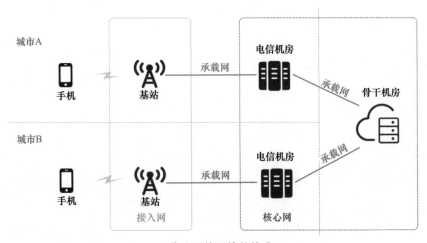

◎移动通信网络的构成

接入网是通信网络最靠近用户终端（例如手机、可穿戴设备、物联网设备）的部分，负责将用户终端都连接上。无线通信里的接入网又称为 RAN（Radio Access Network，无线接入网）。大家耳熟能详的基站（Base Station）就是 RAN 的主要组成部分。

核心网，英文为 Core Network，缩写为 CN。移动通信系统中的核心网又被称为"移动核心网"。目前行业内外对核心网并没有一个准确的定义。简单来说，我们可以把它理解为一个"非常复杂的加强版路由器"。它负责对基站收集上来的数据进行处理，然后发送到外部网络（例如互联网）。同样，它也负责将外部网络的数据传输给基站，并最终送达手机终端。所有手机终端的网络使用权限都归核心网管理。它是整个移动通信网络的"管理中枢"。需要注意的是，核心网并不是某种特定的设备，它是很多种设备网元（网络单元）的统称。不同的核心网网元有不同的功能，不同通信网络的核心网网元数量和架构也大不相同。

如果说接入网是一个人的四肢，核心网是大脑，那么，承载网（Bearer Network）就是这个人的血管和神经。它专门负责传输网元之间的数据，包括接入网和核心网之间的数据，以及接入网、核心网内部网元之间的数据。

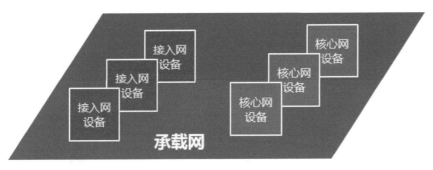

◎ 承载网的示意

综上所述，接入网、核心网和承载网共同组成了整个通信网络，缺一不可。5G 网络继承了这样的架构设计，不过，在技术实现上进行了大量的改进和创新。既然是改进，当然从最薄弱的地方开始。整个通信系统中，最薄弱的地方是哪里呢？

是空口。空口，就是空中接口。具体来说，就是手机终端和基站之间这个无线传输的部分。在 5G 中，这个部分被称为 5G NR（New Radio，新空中接口）。虽然我们通常把移动通信归类为无线通信，但事实上，整个移动通信系统中，真正通过无线信号进行数据传输的，只有接入网的空口部分，以及少量的承载网场景（在条件有限的地区，会用到微波和卫星传输）。

大部分的承载网以及整个核心网，是使用同轴电缆、双绞线（网线）、光纤光缆等实体线缆进行数据传输的。这些都属于有线通信。目前而言，有线通信的传输速率和可靠性远远超过无线通信。以光纤为例，2019 年 2 月，我国已经首次实现 1.06 Pbit/s（Pbit 即拍比特，1 Pbit=10^{15} bit）超大容量光传输系统实验，可以在 1 s 的时间内传输约 130 块 1 TB 硬盘所存储的数据。我们日常生活中使用的光纤，速率也能够达到 1 ~ 10 Gbit/s。而无线通信方面，即使是最新的 Wi-Fi 6（802.11ax）标准，理论的极限速率也只有 9.6 Gbit/s，4G LTE 只能达到 150 Mbit/s（采用 FDD LTE，且不采取载波聚合），有线通信和无线通信的差距很大。所以，无线空口就成了 5G 技术的研究重点。

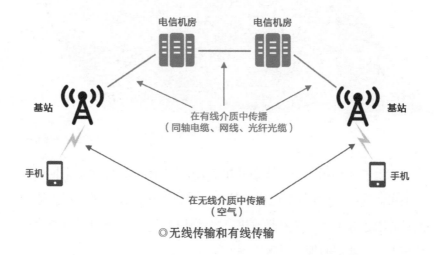

◎无线传输和有线传输

接下来，我们介绍一下 5G 在无线空口方面的主要关键技术。

• **毫米波**

无线通信的基础是电磁波。利用电磁波可以在空气甚至真空中自由传播的特性，将信息加载在电磁波上，就实现了信息的无线传输。电磁波的物理特性是由它自身的频率决定的。不同频率的电磁波有不同的物理特性，从而有不同的用途。例如，高频的 γ 射线能量很强，具有巨大的杀伤力，可以用来消灭肿瘤。

◎光波、电波，就是不同频率的电磁波

为了避免干扰和冲突，我们在电磁波这条"公路"上进一步划分"车道"，将其分配给不同的行业，用于不同的用途。

不同频率电磁波的用途

频带名称	符号	频率范围	波段名称	波长范围	主要用途
甚低频	VLF	3~30 kHz	甚长波	100~10 km	海岸潜艇通信，远距离通信，超远距离导航
低频	LF	30~300 kHz	长波	10~1 km	越洋通信，中距离通信，地下岩层通信，远距离导航
中频	MF	0.3~3 MHz	中波	1000~100 m	船用通信，业余无线电通信，**移动通信**，中距离导航
高频	HF	3~30 MHz	短波	100~10 m	远距离短波通信，国际定点通信，**移动通信**
甚高频	VHF	30~300 MHz	米波	10~1 m	电离层散射，流星余迹通信，人造电离层通信，对空间飞行体通信，**移动通信**
特高频	UHF	0.3~3 GHz	分米波	10~1 dm	小容量微波中继通信，对流层散射通信，中容量微波通信，**移动通信**
超高频	SHF	3~30 GHz	厘米波	10~1 cm	大容量微波中继通信，**移动通信**，卫星通信，国际海事卫星通信
极高频	EHF	30~300 GHz	毫米波	10~1 mm	再入大气层时的通信，波导通信

注：频率范围和波长范围均含右不含左。

一直以来，公共移动通信（1G/2G/3G/4G）所占用的主要是特高频和超高频的频段。从 1G 到 4G，使用的电磁波频率越来越高。原因有两个方面，一是因为低频段的频率资源过于稀缺，高频段的频率资源更为丰富；二是因为高频段通信能实现更高的传输速率。

100 MHz频段:

100～120 MHz 网络1 使用
120～140 MHz 网络2 使用
140～160 MHz 网络3 使用
160～180 MHz 网络4 使用
180～200 MHz 网络5 使用

1000 MHz频段:

1000～1020 MHz 网络1 使用
1020～1040 MHz 网络2 使用
1040～1060 MHz 网络3 使用
....
1980～2000 MHz 网络50 使用

◎假设某类型网络占用的频宽是 20 MHz，那么，可以看出，
频段每提高一个数量级，容量变为原来的 10 倍

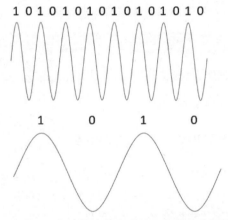

◎相同条件下，频率越高的电磁波，装载的数据量越大

到了 5G 时代，无线通信使用的电磁波频率就更高了。5G 的频率范围分为两种：一种是 FR1 频段，工作频率在 6 GHz 以下（后来 3GPP 将该频段改成 7.125 GHz 以下），这个频段也叫 Sub-6 GHz 频段，它和 4G 工作频率的差别不算太大；另一种是 FR2 频段，工作频率高出很多，在 24 GHz 以上。

5G 的频率范围

频段名称	对应的频率范围
FR1	450 ~ 7125 MHz
FR2	24 250 ~ 52 600 MHz

目前，对于 FR2 频段，国际上主要使用 28 GHz 进行试验。关于电磁波有一个重要的物理公式，就是"光速 = 波长 × 频率"。也就是说，电磁波的频率和波长成反比，频率越高，波长越短。如果按 28 GHz 来算，波长为 10.7 mm。

$$波长 = \frac{光速}{频率} = \frac{300\ 000\ 000\ \text{m/s}}{28\ 000\ 000\ 000\ \text{Hz}} \approx 10.7\ \text{mm}$$

这就是 5G 的第一大撒手锏——毫米波。

既然高频率能带来更高的网速，为什么之前我们不用高频率呢？原因很简单，不是不想用，而是用不起。电磁波的一个重要特性是波长越短，越趋近于直线传播（绕射能力越差）。电磁波的频率越高，在传播介质中的衰减也越大。例如我们平时见过的激光笔（所用电磁波的波长为 635 nm 左右），射出的光就是笔直的，若被挡住就过不去了。卫星通信和 GPS 导航（所用电磁波的波长为 1 cm 左右）的信号如果遇到遮挡物，同样容易造成信号的丢失。卫星地面站的"大锅"（天线）必须经过校准，瞄着卫星的方向，哪怕稍微歪一点，都会影响信号质量。

移动通信网络如果使用了毫米波这样的高频段电磁波，就会带来基站信号的传输距离大幅缩短、覆盖能力大幅减弱的后果。因此，要让信号覆盖同一个区域，5G 网络需要的基站数量将远远超过 4G 网络。

基站数量激增意味着投资成本的大幅增加。所以，运营商使用的电磁波频率越低，建设网络的投资就越低，竞争起来就越有利。这就是为

什么运营商都希望获得低频段的资源用于网络建设。低于 1000 MHz 的
频段甚至被称为"黄金频段"。

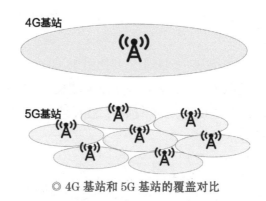

◎ 4G 基站和 5G 基站的覆盖对比

• 微基站

为了尽可能减轻网络建设方面的成本压力，5G 还"想出"了其他
办法。

这就是 5G 的第二大撒手锏——微基站。基站按大小和天线发射功
率，通常分为宏基站、微基站、皮基站和飞基站。微基站、皮基站和飞
基站都很小，所以后两者通常也被笼统地归为微基站。微基站就是小基
站，主要用于室内。宏基站就是大基站，在室外很常见。

基站的类型

名称	英文名	别称	单载波发射功率 （20 MHz 带宽）	覆盖能力 （覆盖半径）
宏基站	Macro Site	宏站	10 W 以上	200 m 及以上
微基站	Micro Site	微站	500 mW~10 W	50~200 m
皮基站	Pico Site	微微站 企业级小基站	100~500 mW	20~50 m
飞基站	Femto Site	毫微微站 家庭级小基站	100 mW 以下	10~20 m

◎宏基站

◎微基站

微基站此前已被广泛使用。到了 5G 时代，微基站会更多地出现在我们身边。那么多基站在身边，会不会对人体造成影响？

回答是——不会。

其实，现实和传统认知恰好相反。大家可以想象一下，冬天在寒冷的教室里，同学们坐在座位上，是采用一个大功率取暖器好，还是采用若干个小功率取暖器好？从下面两图的对比可以看出，如果采用一个大取暖器，离取暖器近的同学会很热，离取暖器远的同学会很冷。如果采用多个小取暖器，各个位置的同学获得的热量会比较均衡，大家都会比较舒服。

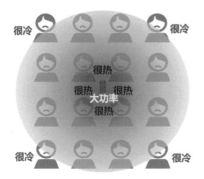

◎大功率取暖器方案

◎小功率取暖器方案

同样的道理，如果只采用一个大基站，离得近、辐射大，离得远、没信号，反而不好。5G 基站的信号覆盖范围比较小，大量采用微基站是必然的选择。

- ## Massive MIMO

天线是无线通信系统中最重要的部件之一。为了能实现更高的性能，5G 在天线上做足了文章。根据天线的特性，天线长度应与传输的电磁波波长成正比，为波长的 1/10~1/4。5G 的工作频率比 2G、3G、4G 的高，5G 信号的波长很短，甚至达到毫米级。所以，5G 天线的长度相比以往要大幅缩短，也达到毫米级。1G 时代的"大哥大"手机有很长的天线，而现在的手机都看不到天线，正是因为后者的工作频率高、信号波长短。

天线长度变成毫米级，意味着它完全可以藏到手机的内部，甚至可以藏很多根。这就是 5G 的第三大撒手锏——Massive MIMO（大规模天线阵列）。MIMO（Multiple-Input Multiple-Output，多输入多输出）就是多根天线发送，多根天线接收。

在 LTE 时代，我们就已经采用了 MIMO 技术。我们的很多 Wi-Fi 路由器也采用了这种技术，但是，天线数量并不算多，只能说是初级版的 MIMO。到了 5G 时代，MIMO 技术变成了加强版的 Massive MIMO 技术，Massive 就是大规模的意思。

手机里面能够安装很多根天线，基站就更不用说了。以前的基站，天线只有几根。5G 时代，天线数量不是按"根"来算，而是按"阵"来算——天线阵列，一个天线阵列就有上百根天线。天线数量的大幅增加将提升手机和基站之间的传输速率。

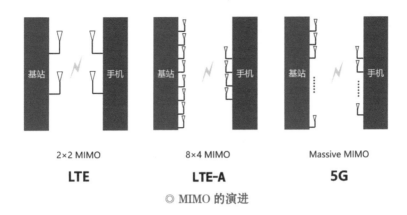

2×2 MIMO   8×4 MIMO   Massive MIMO

LTE   **LTE-A**   **5G**

◎ MIMO 的演进

◎传统基站的天线

◎ 5G 基站的天线（绿色区域
内的是天线阵列）

- **波束赋形**

　　采用天线阵列技术除了增加速率、带宽之外，还可以有效提升无线信号的覆盖效果。这里用灯泡的例子来分析。基站发射信号的时候，比较像灯泡发光。灯泡的光会照亮整个房间，但是有时候，我们只是想照亮某个区域或物体。这样的话，其实大部分的光都被浪费了。同样，基站采用传统的方式发射信号，大量的能量和资源都被浪费了。我们能不能找到一只无形的手，把散开的光束缚起来呢？这样的话，既节约了能量，又保证了要照亮的区域有足够的光。

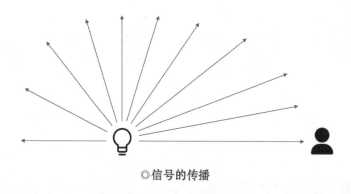
◎信号的传播

答案是：可以。这就是 5G 的第四大撒手锏——波束赋形（Beamforming）。

在基站上布设天线阵列，通过对射频信号相位的控制，使得相互作用后的电磁波波瓣变得非常狭窄，并指向它所提供服务的手机，而且能根据手机的移动而转变方向。这就是波束赋形。这种空间复用技术使全向的信号覆盖变成了精准地指向，波束之间不会相互干扰，在相同的空间中可以提供更多的通信链路，极大地增加了基站的服务容量。

◎波束赋形示意

在 5G 系统中，3D 波束赋形既可以实现水平方向的波束赋形，也可以实现垂直方向的波束赋形，对建筑物不同楼层的覆盖效果将会有所提升。

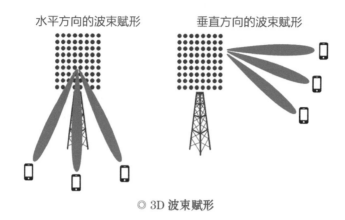

水平方向的波束赋形　　　　垂直方向的波束赋形

◎ 3D 波束赋形

- D2D

在目前的移动通信网络中，如果两个终端之间通信，信号（包括控制信令和数据包）是通过基站进行中转的。即便两个终端离得很近，甚至面对面，也是如此。而在 5G 时代，这种情况可能会发生改变。这就要归功于 5G 的第五大撒手锏——D2D（Device to Device，设备到设备）。

5G 时代，同一基站覆盖范围内的两个终端，如果在相互之间距离满足条件的情况下进行通信，它们的数据将不再通过基站转发，而是直接从终端到终端。这样就节约了大量的空口资源，也减轻了基站的压力，有利于降低成本和提升效率。

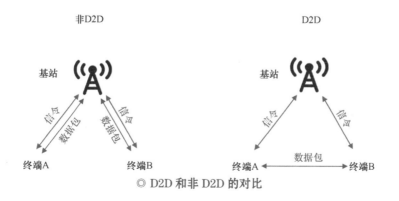

非D2D　　　　　　　　　　　　D2D

◎ D2D 和非 D2D 的对比

- **上 / 下行解耦**

前面介绍过，电磁波频率越高，传播距离越近。手机终端和基站之间的通信分为上行（手机到基站）和下行（基站到手机）。网络的覆盖范围是由上行和下行共同决定的。基站天线比较大，功率比较高，所以，下行信号会强一些，传输的距离也会远一些。但是，手机信号的发射功率是有严格限制的，远远小于基站。所以，手机上行信号的传播距离通常小于基站下行信号的传播距离。

那么，是不是可以让上行信号使用中低频电磁波，从而提升上行信号的传播距离呢？这个技术，也就是 5G 的第六大撒手锏——上下行解耦。简而言之，下行使用高频电磁波信号，既可以保证传输距离，又可以提升网络带宽（毕竟我们下载数据会更多一些，例如看手机视频），而上行使用中低频电磁波信号，损失一点网络带宽能力，但是可以增加信号的传输距离，从而扩大基站的覆盖范围。

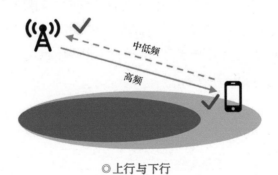

◎上行与下行

除了毫米波、微基站、Massive MIMO、波束赋形、D2D 和上下行解耦之外，5G NR 还有很多技术创新。正是这些技术创新，帮助 5G 极大地提升了空口的工作能力和效率，从而奠定了 5G 有史以来最强通信技术标准的地位。

5G 网络架构的革新 ————————————

5G 想要实现性能指标的飞跃，只改进空口是肯定不够的。空口是网络速率提升的瓶颈，但用户对网络的要求并不仅限于速率，还包括更低的时延、更大的容量和更多样化的应用场景。想要实现这些方面的提升，就需要改进整个网络的架构。

除了用户之外，作为网络的拥有者和经营者，运营商对 5G 网络架构的演进也有诉求。近年来，通信行业竞争日趋激烈。虽然用户规模在不断增长，但 ARPU（Average Revenue Per User，每用户平均收入）却在不断下降。网络规模日益庞大，复杂度日益增加，这都意味着网络维护成本的不断提升。收入越来越少，成本越来越高，给运营商带来了很大的压力。所以，运营商希望借网络升级换代的机会，改进网络架构。运营商希望拥有一张支持业务快速部署、容量弹性伸缩、资源动态分配的网络，一张可靠性高、容灾能力强、恢复速度快的网络，一张维护简单、管理灵活的网络。简而言之，就是云化、智能化、绿色化。

为了实现上述目标，5G 究竟在网络架构上做了哪些改进呢？

• **网络切片**

我们在第 2 章提到过网络切片。网络切片是 5G 网络架构设计的核心技术。

5G 的业务范围非常宽泛，不同的业务场景对带宽等网络资源的需求是完全不同的。5G 网络不可能根据每个业务来配置各自独立的物理设施，而是在物理网络中通过逻辑控制来划分不同用途的逻辑网络，支撑不同的应用，这就是网络切片。

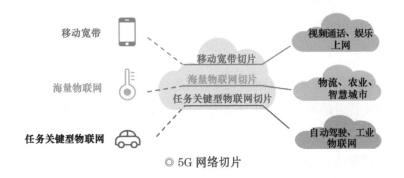

◎ 5G 网络切片

其实，在 3G/4G 时代，也会对业务进行类似网络切片的分类。针对不同的业务优先级，网络分配不同的资源，给予不同的服务质量。那时候采取的技术叫作 QoS（Quality of Service，服务质量）。当时移动通信网络主要用于人联网，所以业务分类比较简单，主要包括会话类、流媒体类、交互类和后台类。

3G/4G 时代不同业务对网络的要求

业务类型	典型业务	对网络的要求		
		时延	丢包率	带宽
会话类	语音电话、视频会议	要求高	要求较低	要求较高
流媒体类	在线音乐、在线视频	要求低	要求较低	要求高
交互类	网页浏览、网络游戏	要求较低	要求高	要求低
后台类	电子邮件、短信	要求极低	要求高	要求低

到了 5G 时代，移动通信网络的应用场景从人联网扩展到物联网，包括 eMBB、uRLLC 和 mMTC。这三大场景包括很多子场景，对应社会上的"千行百业"。在这种情况下，QoS 无法满足要求。所以，作为 QoS 的"高级改进版本"，网络切片被提了出来。

相比 QoS，网络切片最大的特点是端到端的隔离。传统 QoS 虽然实现了一定程度的隔离，但只是核心网（或接入网、承载网）内部的隔离，属于"小隔离"。而网络切片横向贯穿了接入网、承载网和核心网，从整个网络上进行隔离，是"大隔离"。

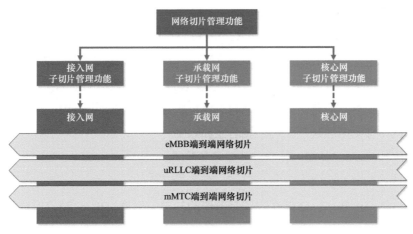

◎端到端网络切片

这些网络切片由高层网络的网络切片管理功能进行统一编排，甚至可以由用户自己定制。在同一类子网络切片下，还可以进行资源再划分，形成更低一层的子网络切片。这些网络切片也有自己的生命周期。如果需要撤销业务，这个网络切片就会被收回，网络切片占用的资源也会被尽快释放。

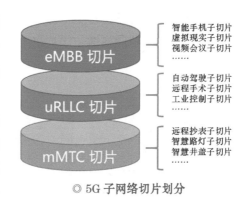

◎ 5G 子网络切片划分

总而言之，网络切片技术能够满足 5G 业务多样化的需求，也可以实现网络资源的高效管理。它是 5G 作为融合网络的前提。

• NFV

5G 之所以能够实现网络切片，离不开 NFV 技术和 SDN 技术的帮助。

我们先来了解一下 NFV（Network Functions Virtualization，网络功能虚拟化）。虚拟化是云计算技术的核心。所谓云计算，就是将计算资源从本地迁移到云端，实现"云化"。计算资源主要是指服务器，它拥有 CPU、内存、硬盘和网卡，通过安装操作系统和软件，能够提供各种计算服务。但是，如果只是简单地将服务器硬件搬到云端机房，在调配资源时，仍然缺乏足够的灵活性和效率。所以，云计算就引入了虚拟化技术。

虚拟化技术，就是在物理服务器的基础上，通过部署虚拟化软件平台，对计算资源（例如 CPU、内存等）、存储资源（例如硬盘）、网络资源（例如网卡）等资源进行统一管理，按需分配。在虚拟化平台的管理下，若干台物理服务器变成了一个大的资源池。在资源池之上，可以划分出若干个虚拟服务器（虚拟机），安装操作系统和软件，实现各自的功能。

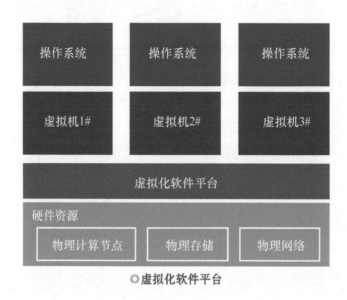

◎虚拟化软件平台

我们的移动通信网络，尤其是核心网，是由很多网元组成的。这些网元本身就是一台定制化的"服务器"。网元上面运行的软件服务确保其功能得以实现。以前，这些网元都是各个厂商自行设计制造的专用设备。现在，随着 x86 通用服务器硬件能力的不断增强，通信行业开始学习 IT 行业，引入云计算技术，使用 x86 通用服务器替换厂商专用服务器，将核心网"云化"。

核心网的架构设计也借鉴了 IT 行业的微服务理念，演进为 SBA（Service-Based Architecture，基于服务的架构）。简单来说，就是将"一个服务器实现多个功能"变成"多个服务器实现各自的功能"。这种架构是 5G 核心网支持网络切片的前提。

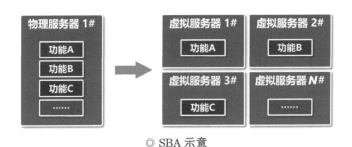

◎ SBA 示意

采用 NFV 技术，将通信设备网元云化，可以实现软件和硬件的彻底解耦。运营商不再需要购买专用硬件设备，大幅降低了对硬件的资金投入。NFV 技术还具备自动部署、弹性伸缩、故障隔离和自愈等优点，可以大幅提升网络运维效率、降低风险和能耗。因此，运营商对 NFV 技术具有强烈的需求。除了核心网之外，运营商也在推动 NFV 技术在接入网的落地。

• SDN

NFV 主要应用于核心网和接入网，SDN（Software Defined Network，软件定义网络）则主要应用于承载网。SDN 的设计思路其实和 NFV 一样，都是通过解耦来实现系统灵活性的提升。NFV 是软硬件解耦，SDN 则是控制面和转发面解耦。

　　承载网的核心功能就是传输数据。传输的过程就是不断路由和转发数据报文的过程。传统网络中，各个路由转发节点（路由器）都是独立工作的，内部管理命令和接口也是厂商自己定制的，不对外开放。而 SDN 就是在网络之上建立一个 SDN 控制器节点，统一管理和控制下层设备的数据转发。所有下级节点的管理功能被剥离（交给 SDN 控制器），这些节点只剩下转发功能。

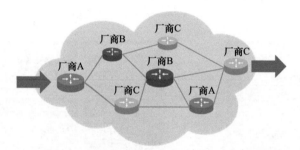

◎传统网络的控制和转发，是"各自为战"的模式

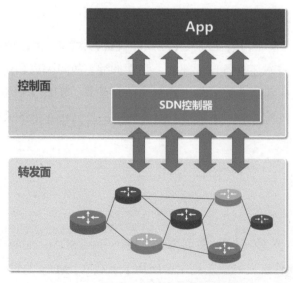

◎ SDN 的控制和转发，讲究"中央集权"

SDN 控制器控制下的网络变得更加简单。对上层应用来说，即使网络再复杂，也无须关心。管理者只要像配置软件程序一样，进行简单部署，就可以让网络实现新的路由转发策略。如果是传统网络，需要对每个网络设备单独进行配置。而采用 SDN 之后，整个传输网络的灵活性和可扩展性大大增加，非常有利于 5G 网络切片的快速部署。同时，SDN 简化网络配置、降低运维成本的特点，也深受运营商的欢迎。它将是未来数据通信网络发展的主要方向。

- MEC

5G 网络架构的变革中，还有一个很重要的变化就是 MEC（Mobile Edge Computing，移动边缘计算）。MEC 是移动通信技术与云计算技术深度融合的产物。从某种程度上说，它是一种特殊形式的云计算。

前面曾提到云计算是将计算资源集中到云端，进行集中管理调配的一种方式。这种方式动态灵活，大大提升了资源的使用效率，降低了成本。但是它也有缺点。首先是上层网络的数据流量太大。随着智能手机和传感器数量的增长，终端侧每天产生的数据量大幅增加。如果采用云计算的方式，这些海量的数据都将从终端传送到云端。城域网和骨干网将承受巨大的带宽压力，增加了运营商和服务提供商的运营成本。其次是时延问题，时延是由电磁波传输速率的物理限制造成的。光速的理论值是 300 000 km/s，因而电磁波的传送速度不可能超过这个值。如果终端和云端之间的距离较远，将不可避免地产生较高的传输时延。对时延敏感型应用场景（例如车联网）来说，这是不可接受的。

所以，MEC 应运而生。

MEC 就是在整个移动通信网络靠近终端的地方，部署一个轻量级的电信级计算中心节点来提供计算服务。所以说，MEC 也是云计算的一种。只不过它将云计算从云端拉到了离用户更近的位置。计算中心下沉之后，解决了上层网络流量过大的问题，为运营商节约了成本。同时，它也解决了时延问题，给时延敏感型业务提供了保障。

在架构方面，边缘计算中心采用了和云计算一样的虚拟化技术，它可以面向第三方平台开放，提供相应的能力引擎和接口。应用开发者可以开发相关的 App 对接接口、调用能力，最终为用户提供服务。

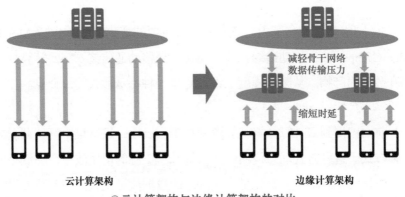

◎云计算架构与边缘计算架构的对比

正如前面所说的，MEC 主要是面向时延敏感型业务和资源消耗型业务的，例如 VR/AR、车联网、工业互联网、室内定位等。MEC 是云网融合的产物。它本质上属于云计算，但又与移动通信网络深度融合。它的出现，很可能开创全新的商业模式。

 尾 声

通过本章的介绍，相信大家对 5G 的关键技术有了一个大致的了解。

5G 并不是在 4G 基础上的修修补补，而是在网络架构和关键技术上进行了大量的创新。这些创新从逻辑和原理上看比较简单，但是背后却是整个信息通信行业几十年技术沉淀和积累的结果。正是凭借这些"黑科技"，5G 才能够拥有出色的能力，以应对未来复杂应用场景的考验。

本章介绍的只是 5G 关键技术的冰山一角。想要更深入地了解 5G 网络技术的细节，大家可以仔细阅读本书的第 6~8 章。

第 4 章
5G 的意义：引领智能革命

引 言

在本书第 2 章中，我们提到，5G 作为新一代移动通信标准，具有明显的物联网属性。它的使命，是开启全新的"万物互联"时代。

那么，为什么要推动"万物互联"？"万物互联"会给我们整个社会带来什么样的影响？现在经常说 5IABCDE，它们分别是什么？5G 和第四次工业革命之间又有着怎样的关系？本章就来探讨一下这些问题的答案。

过去的十几年，3G/4G、智能手机开创了移动互联网时代，人们的生活方式被彻底改变，生活品质得到了大幅的提升。整个互联网行业受益于移动互联网的爆发，迎来了空前的繁荣和增长。很多初创企业趁机崛起，成为行业巨头。

如今，我们站在时代的路口，不免会想——未来的十年，移动互联网的红利是否会结束？互联网会不会发生什么新的巨变？哪些技术会成为主流趋势？又有哪些企业能够把握住机遇，成为新的"独角兽"？

实际上，准确预测哪些企业能够崛起是不太现实的。但是，整个行业的发展趋势，还有技术的演进趋势，从宏观上来看是逐渐清晰的。未来的十年，有一件事情极有可能发生，那就是第四次工业革命的全面爆发。而这次革命将再次改写全球的经济秩序和战略格局。我们可以把它当作一次重新洗牌。把握住机遇的国家将跻身世界前列，引领全球经济和科技的发展。

工业革命，实际上就是生产力革命。生产力是社会发展的最终决定力量。谁拥有先进的生产力，谁就能更快地发展。回首过去已经发生的三次工业革命，这一点已毫无疑问地得到了证明。人类政治、经济和文化领域的发展深受前三次工业革命的影响。不同时期世界强国的座次排位也由工业革命所决定。

四次工业革命的相关情况

四次工业革命	开始时间	标志	代表国家	简称
第一次工业革命	18 世纪 60 年代	蒸汽机	英国、法国、美国	蒸汽革命
第二次工业革命	19 世纪 60 年代	电力、内燃机	美国、德国、英国、法国、日本、沙俄	电力革命
第三次工业革命	20 世纪 40 年代	计算机、原子能	美国、德国、英国、法国、日本、苏联	信息技术革命
第四次工业革命		**?**		

我国因为历史的原因，错过了前三次工业革命的机遇。但是，今时不同往日。现在的中国，经历了改革开放 40 多年的高速发展，已经做好了准备。即将到来的第四次工业革命对我们来说是一次绝佳的机会。把握住这次机会，我们就能更好地实现民族复兴，也能在未来很长的时间内在全球政治经济格局中占据有利位置。

既然第四次工业革命对我们来说如此重要，那么，它究竟包含哪些内容？我们该如何把握机遇呢？

第四次工业革命是以石墨烯、虚拟现实、AI（Artificial Intelligence，人工智能）、清洁能源以及生物技术等为技术突破口的工业革命。小枣君个人认为，第四次工业革命其实更应该叫作第四次产业革命。

随着时代的发展，我国的国民经济结构发生了巨大的变化。第一产业（农、林、牧、渔）和第二产业（工业制造、能源）稳步发展，第三产业（商业、交通、金融、教育、通信等）的比重也逐步提高。事实上，目前第二产业（也就是传统工业）在国民经济中的占比已经远远不如以前。第四次工业革命并不只是和工业领域有关，它覆盖了包括第一、第二和第三产业在内的所有产业领域。

换言之，第四次工业革命所要提升的生产力，是全行业、全领域、全社会的生产力。

站在信息通信技术的角度，第四次工业革命的核心关注点是 AI。在信息通信从业者眼里，第四次工业革命的主题就是智能革命。

很多读者可能玩过 RPG（Role-Playing Game，角色扮演游戏）。游戏中的角色，通常会有力量、敏捷、智力等属性。属性越强，这个角色的战斗力就越强。实际上，我们可以把生产力看作这样一个游戏角色。

第一、第二次工业革命改进的是动力和能源，增加的是"力量属性"。第三次工业革命，除了"力量属性"之外，开始增加"敏捷属性"。第四次工业革命呢？除了"力量属性"和"敏捷属性"之外，要开始增加"智力属性"了。

力量
敏捷
智力

◎兼备"力量""敏捷""智力"的第四次工业革命

智能革命不可能一步到位。想要实现智能革命，必须先实现数字革命（信息技术革命）。第三次工业革命带来了数字革命（信息技术革命）。香农的信息论奠定了信息技术的理论基础。随着时代的发展，"0"和"1"被证明是目前人类能使用的最有效的信息载体，数字化是信息传递和处理的最有效方式。第三次工业革命以来的重大发明，例如计算机、半导体器件、互联网，都是围绕数字化进行工作的。数字化帮助各行各业提升了工作效率，几乎所有人都能够从中获益。数字化也刺激了信息产业的高速发展，创造了大量的财富。

数字化的核心，其实就是做好两件事——连接和计算。连接，就是传输数据，也就是通信。计算，就是对数据进行存储和运算，也可以理解为 CPU、内存和硬盘这样的硬件，加上操作系统、数据库、应用程序这样的软件。

我们工作和生活中的绝大部分数字化系统，都具备了云管端结构。"端"就是终端，负责采集数据和接受控制，类似于人的四肢。"云"负责存储和运算数据，类似于人的大脑。而"管"，就是通信网络，负责让数据在"云"和"端"之间流动，类似于人的血管和神经。

"端"　　　　　　"管"　　　　　　"云"

◎云管端结构示意

之所以会出现"云"，有两方面的原因。一方面是因为人们常用自上而下的金字塔管理结构，人类社会的发展也是从分散走向集中的。另一方面的原因，是资源瓶颈，或者说，早期的算力资源不足。

算力，顾名思义，就是计算的能力。计算机刚发明出来的时候，是计算速度很慢的大型机。后来，随着半导体技术的发展，芯片开始按照摩尔定律不断发展，算力也随之快速增长。增长到一定阶段，出现了PC（Personal Computer，个人计算机）。20 世纪八九十年代，PC 的计算能力很弱。此时，计算机网络技术出现并高速发展。于是，人们开始想到，可以利用通信网络来实现算力资源的"转移"和"合并"——将几台计算机合并成一个机架，再将几个机架合并成一个机房，然后小机房变成大机房，最终变成了 DC（Data Center，数据中心）甚至超级 DC。算力资源通过合并变得越来越丰富。

云计算，就是"资源合并"发展到一定阶段的产物。本书第 3 章简单介

◎ DC 的内景

绍过云计算。云计算除了合并算力资源之外，更重要的一点是它对资源的管理和分配方式进行了创新和改进。它不再以实体硬件为单位进行资源的管理和分配，而是将实体硬件资源重新整合，变成虚拟算力资源，以虚拟机的方式进行分配。这样一来，用户使用算力的成本大幅下降，效率也明显提升。

就在整个社会都在想办法推动"上云"的时候，意想不到的变化发生了。因为硬件更新换代的速度太快了，不知不觉中，芯片算力达到了惊人的高度。我们的手机、计算机，甚至手表、眼镜，也拥有了性能超高且价格便宜的芯片，还有大容量的存储空间。也就是说，"端"这一层级的算力，也可以满足很多工作的要求。以往我们必须送到"云"去完成的计算，如今在"端"就可以完成了。"管"的压力得到缓解，也省了来回传输数据的时间。

于是，分布式计算再次崛起，分担了一部分集中式计算的工作。最典型的代表就是区块链。分布式计算和集中式计算各有优势，也有各自适用的场景。两者的关系不是谁取代谁，而是长期共存、合理分工。

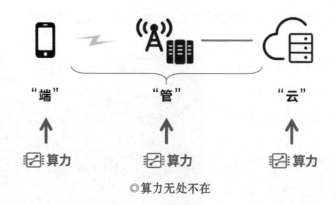

◎算力无处不在

除了云计算之外，还衍生出了雾计算、霾计算、边缘计算。这些计算，就是将算力灵活地部署在"云"和"端"之间的"管"上。哪里需要，就部署到哪里。

一言以蔽之，算力无处不在。很显然，算力之所以敢这么"上蹿下跳"，前提就是"连接"在提供强有力的支持。如果没有"连接"在默默地工作，"算力"哪儿也去不了。

说到连接，终于轮到 5G 登场了。

以 5G 为代表的通信技术，发挥的就是"连接"的作用。作为人联网的"连接"，它帮助人与人之间通信，满足情感和社交需求。作为物联网的"连接"，它帮助云端采集终端的数据，也帮助终端执行云端的指令。分布在各地的大量物理实体借助嵌入式系统、传感器和摄像头技术，逐渐变成数字化的终端。这些终端采集和生成大量的数据，借助"连接"（物联网），输送给算力资源。同时，这些终端也可以接受算力资源发送过来的控制指令，实现管理者的要求。例如工厂的数字化设备、道路上的红绿灯，还有喷洒农药的无人机，都是终端。

人和物所产生的数据量越来越庞大，于是催生了大数据技术。大数据，实际上是海量复杂格式数据的存储和调用技术。大数据最早是因为搜索引擎技术的发展而出现的。因为搜索引擎拥有的数据体量太大，传统的数据存储无法满足要求，所以谷歌公司率先研究和推广了大数据技术。后来，互联网蓬勃发展，越来越多的系统（例如电商、物流、科研等系统）积累了大量数据，所以大数据技术开始在各行各业普及。

如今，物联网技术崛起，5G 建设全面铺开，这将使终端产生的数据量进一步增加，刺激大数据技术以更快的速度发展和落地。

大数据技术本质上也属于计算。不管是云计算还是大数据，说来说去都是算力。算力是衡量计算能力的标准。强大的算力离不开硬件和软件。硬件看芯片，软件看算法、系统（操作系统、数据库等）。在热力、机械时代，谁的马力（输出功率）大，谁就占优势。而在现在的数字时代，谁的算力大，谁就能领先。道理就是这么简单。正因为算力如此重要，各个国家和企业都在努力发展算力。例如这几年备受关注的芯片之争，其实就是算力之争。换言之，大家激烈争夺的不是 CPU 频率的高低，而是未来几十年市场竞争的主动权，甚至是生存权。

现在，我们终于要讲到人工智能了。前面小枣君说过，数字革命是智能革命的前一阶段。强劲的算力和海量的数据，是人工智能快速发展的有利条件。很多人认为，计算机就算是到了人工智能的水平，也只是会完成"程序化、公式化"的计算。小枣君认为，人工智能具有自我意识只是时间问题。当算力达到一定程度、学习量达到一定规模，人工智能就会跳出设计者提供的固定公式和计算逻辑，完成具有自我意识的运算。未来，强大的物联网将为海量数据的采集提供条件。配合大数据技术，这些数据将被算力控制和处理。在算力足够强大的时候引入人工智能，人工智能会以更合理、更高效的方式接管整个系统的运作，进而实现生产力的再次跃升。这就是智能革命。

5G
IoT（物联网）
AI（人工智能）
Blockchain（区块链）
Cloud Computing（云计算）
Big Data（大数据）
Edge Computing（边缘计算）

◎ 5IABCDE

在数字革命和智能革命中，连接和计算是核心主线。5G、物联网、人工智能、区块链、云计算、大数据、边缘计算共同参与这个过程。它们之间相互紧密联系，共同形成一个系统。没错，这就是"5IABCDE"。

现在我国大力推进的"新基建"战略和"5IABCDE"有着紧密的联系。国家希望借助"新基建"，推动"5IABCDE"数字基础设施的建设，布局数字经济和智能革命，从而掌握第四次工业革命的主动权，实现生产力的飞跃和民族复兴。政府在基础设施方面进行投入，以运营商为代表的国有企业将承担 5G 网络建设和运营的责任。那么，各个垂直行业的企业又该如何看待"5IABCDE"以及智能革命呢？

对企业来说，利润和生存是永恒的目标。如果大家的营收一样多，那么，谁的成本低，谁就能在激烈的市场竞争中活下去。归根到底，企业竞争就是拼生产力水平和效率。在这种情况下，智能革命（第四次工业革命）代表了先进生产力的发展方向，显然是所有企业应该予以重点关注的。

想要真正实现垂直行业和"5IABCDE"的完美融合，不仅需要垂直行业努力去了解和吸收新技术，还需要信息通信行业的大力支撑和配合。双方需要做大量的工作，只有深入理解垂直行业的商业模式、业务流程以及管理结构，项目人员才能制定出最合适的改造方案。

不管是 5G，还是 IABCDE，都是"赋能型技术"，是"加装包"。产业永远是主体，应该是科技主动往产业靠，而不是要求产业往科技靠。所以，现在很多人经常说的"5G+""互联网 +""AI+"，其实用"+5G""+ 互联网""+AI"来表示可能更准确。只靠购买一种新型硬件设备，安装一套新型软件系统，是无法实现数字革命的，更别说智能革命了。事实上，在整个改造过程中，硬件设备和软件系统这些"硬条件"的改造对企业来说反而简单。其他的"软条件"，例如商业模式、管理制度、业务流程、企业文化，还有人员技能，改造它们的难度比改造"硬条件"更大。

虽然我们看到国内有一些很优秀的企业在工业数字化和智能制造方

面表现出色，但我们也应该认识到，国内大部分企业仍处于生产力水平较为落后的阶段。有些企业的生产力水平可能还处于第三次甚至第二次工业革命的水平，并不具备迎接第四次工业革命的条件。对于理想和现实之间的差距，我们需要有理性的认识。对工业革命，应该从百年的时间维度上来观察。我们目前以年、半年甚至月为颗粒度来观察它、推动它是不合适的，那样就过于急躁了。5G 的网络建设可能会很快，但 5G 在垂直行业的落地将会是一个漫长的过程。数字革命和智能革命也是如此。

◎只有当阳光、土壤、空气、水分等各方面的条件成熟了，
种子才有可能成活

现在有一句话很流行："任何一个行业，都值得重做一遍。"各个垂直行业看似都已经形成了稳定的格局，但是生产力革命就是一次重新洗牌，人人都有机会。企业如果能够将科技发展趋势与自身业务进行深度结合，重构组织，梳理经营模式，对产品、营销、管理等方面进行全方位改造，就有机会在洗牌后脱颖而出，成为行业领先者。

▷ 尾 声 ───

　　智能革命是第四次工业革命的重要组成部分。它将在各行各业生根发芽。对智能革命来说，它的核心是计算和连接，它的关键要素是物联网、云计算、大数据和人工智能。5G 作为目前最先进的通信技术，拥有前所未有的连接能力。这种能力非常适合作用于物联网，服务于"万物互联"。在不久的将来，5G 会在智能革命中发挥重要的作用。

第 5 章
5G 的行业应用

引 言

决定一项技术前途和命运的不是这项技术指标的好坏，而是它是否能够满足用户的需求、解决用户的痛点。5G 也是如此。

虽然 5G 有前瞻性的设计，也有优异的性能指标，还有数不清的"黑科技"加持，但这些都不能保证它一定会取得成功。最终决定 5G 成败的，是其市场表现，是用户的认可度。相比 4G，5G 的应用领域发生了翻天覆地的变化。它不再限于为手机用户提供移动互联网服务，更大的"野心"是为整个社会构建网络连接平台，提供全维度的实时网络接入能力。5G 将会渗透到家庭、工业、农业、医疗、教育、商业、金融等各个领域，连接所有行业和生态圈，成为数字经济时代最重要的基础设施。

从具体应用方向来看，5G 依然会分为移动互联网和物联网两个方向。移动互联网应用主要分为流媒体类、会话类、交互类、传输类和消息类业务。物联网方向的应用领域和场景种类虽然繁多，但归纳起来就是两类：采集类和控制类。

本章将挑选当前最为热门的几个 5G 应用领域进行深入分析和解读。

 5G+XR，沉浸式体验震撼来袭

我们对移动互联网都非常熟悉。目前手机上的各类应用基本上都属于移动互联网的范畴，我们每天都在使用它们。客观来说，无论是在速率上还是在时延上，4G LTE 基本都可以满足现有的移动互联网应用。例如移动办公、移动支付、手机游戏、视频追剧等应用，都在 4G 的能力范围内。

真正适合 5G 发挥作用的移动互联网场景，集中在超高数据带宽的相关应用上，例如超高清视频媒体类业务。5G 的 eMBB 场景相比 4G，网络速率提升了 10 倍以上，对于提供清晰度极高的超高清视频应用将更加得心应手、游刃有余。

4G 时代短视频业务的爆发，展示了其旺盛的生命力和发展潜力。借助 5G 的超高带宽，视频业务会不会演变出新的形态、会不会成为新的移动互联网增长点，是行业内外人士共同关注的话题。

如果说手机短视频、网络电视对 5G 不存在刚性需求的话（毕竟 LTE 理论上完全可以满足需求），另一个视频形态对 5G 可以说是望眼欲穿了——那就是以 VR/AR 为代表的 XR 技术。近年来，如大家所见，VR/AR 技术的酷炫应用不断出现在我们的生活中，吸引了越来越多的关注。在商场、游乐场，经常可以看到戴着 VR/AR 眼镜的体验者，玩得不亦乐乎。

VR，就是 Virtual Reality，虚拟现实。VR 的实现过程，是利用计算机模拟产生一个三维空间的虚拟世界，提供视觉、听觉、触觉等感官的模拟，让使用者可以即时地、没有限制地观察虚拟空间内的事物，并与之交互。简单来说，就是通过专门的设备（VR 眼镜），制造一个完全虚拟的环境，让你身临其境、沉浸其中。它提供给体验者的是"720度全景[5]无死角 3D 沉浸观感"。

当用户佩戴 VR 头盔进行体验的时候，头盔内部的陀螺仪传感器将随用户头部的转动而产生感应，用户所观看到的画面随之同步切换角度，从而给用户带来主观上的画面"沉浸感"。此外，VR 可以通过手势控制或触觉反馈等，实现用户与观看内容的交互。

◎ VR 眼镜体验者

AR 又是什么呢？ AR，就是 Augmented Reality，增强现实。它通过计算机技术，将虚拟的信息应用到真实世界，真实环境和虚拟物体实时叠加到同一个画面或空间中。简单来说，通过 VR 看到的场景和人物全是假的（由设备产生图像，放给你看），图像将你的意识带入一个虚拟的世界。而通过 AR 看到的场景和人物一部分是真的，一部分是假的，是将虚拟的信息带入现实世界中。

---

[5] 所谓"720 度全景"，是指在水平 360 度的基础上，增加垂直 360 度的范围，能看到全维度的画面。

除了 VR、AR 之外，还有 MR（Mixed Reality，混合现实），我们通常将这些技术统称为 XR。

5G 和 XR 之间有非常密切的关系。业界普遍认为，XR 将是 5G 最重要也是最先落地应用的领域。而 5G 反过来又很可能是 XR 行业快速增长的强心剂。2016 年，XR 行业曾经掀起了一波发展热潮。那时，科技公司和投资机构将 VR 视为继计算机、手机之后的下一代计算平台，非常看好它的发展潜力。但是没过多久，这项技术就跌落神坛，饱受指责和诟病。造成这种局面的原因，一方面是内容匮乏，设备生产成本高，投资回报率太低；另一方面，是技术自身不够成熟，仓促进行商业落地时还存在很多限制条件。

XR 技术对系统各方面性能的要求极高，如果不能完全满足其要求，将会严重影响用户的使用体验。XR 技术的本质其实就是用高质量的图像来"欺骗"大脑。想要达到完美的"欺骗"效果，就要满足两个基本要求：第一，完美的视网膜体验；第二，完美的无眩晕体验。这两个要求对系统软硬件及网络能力提出了很大的挑战。

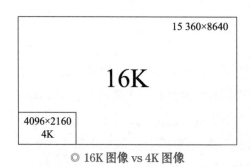

◎ 16K 图像 vs 4K 图像

完美的视网膜体验要求系统必须具备 16K 的分辨率，并且要求视频帧数 [6] 达到 120 frame/s。16K 分辨率是指视频图像像素分辨率达到 15 360×8640。目前，市场上主流液晶电视机的分辨率才达到 4K，也就是 4096×2160。相同前提条件下，16K 图像的数据量约是 4K

---

[6] 视频帧数是指每秒视频包含的画面张数。播放连续的静态画面就成了动态视频。帧数越高，视频图像就越流畅细腻。

图像的 15 倍。120 frame/s，就是每秒 120 张图像。目前，普通视频一般只有 40 帧。这就意味着满足视网膜体验的视频的帧数是普通视频的 3 倍。分辨率和帧数两个因素相结合，就要求 XR 技术支持在相同时间内传输普通视频 45 倍的数据量。如此惊人的数据量提升，不仅给系统的计算能力带来巨大的压力，也给系统的数据通信能力带来了严峻考验。

目前的 XR 终端，例如 VR/AR 眼镜或头盔，基本上都不具备独立完成对如此海量数据进行计算的能力，存储能力也非常有限。相关视频图像的渲染计算等工作，一般由附近的本地计算系统或者云端的云计算系统来完成。

XR眼镜　　　本地计算系统　　　云端计算中心
◎ XR 眼镜的数据传输

可以看出，如何将数据实时且无损失地传输到计算系统上，是问题的关键。

这个数据传输到底需要多大的带宽呢？根据研究人员的测试结果，如果使用头戴式的 VR 眼镜，达到完美的视网膜体验，则网络带宽必须大于 4.2 Gbit/s。如果带宽小于这个值，将导致画面质量损失，出现颗粒感；同时，视野范围也会受限，进而影响用户的沉浸感。

除了带宽速率之外，XR 通信系统还有一个很重要的指标，那就是传输时延，即画面延迟的时间。如果传输时延较大，当体验者左右扭头观看时，图像不能及时变换，会影响用户体验。时间稍长，用户很容易产生眩晕感，甚至呕吐。根据测试结果，时延的门限值是 7 ms。只有时延小于该值，才能避免用户产生不适。

4.2 Gbit/s、7 ms，这就是 XR 技术对通信网络的要求。

我们现有的无线通信技术之中，没有任何一个能够完美满足这些要求。例如 4G LTE 技术，支持的带宽只有 150 Mbit/s（即使采用载波聚合技术，也只能达到 1 Gbit/s），系统时延大概在 40 ms。再例如 Wi-Fi 技术，支持的带宽可达 867 Mbit/s（802.11ac 标准），也无法满足 XR 技术的要求。因此，一直以来，XR 技术都是采用有线（光纤、数据线）的方式，保证数据传输的稳定可靠，或者只能降低画面质量等级，牺牲用户体验。5G 技术诞生之后，无线数据传输的问题终于有了解决方案。5G 的带宽最高可以达到 20 Gbit/s，传输时延可达毫秒级。这样的指标完美地满足了 XR 的需要。也就是说，用户佩戴的 XR 设备终于能够实现无线化了。

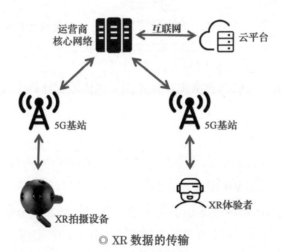

◎ XR 数据的传输

除了空中接口之外，5G 在网络架构上的变化，例如网络切片以及边缘计算中心，可以进一步降低系统时延，有利于低时延场景的应用。在 2019 年的中央电视台春节联欢晚会上，中国电信和中央电视台合作实现了春晚首次 5G+VR 现场连线直播。这是第一次实现 VR 超高清视频内容的 5G 传输，也是中央电视台第一次用 5G 网络进行 VR 春晚节目直播。这次直播充分展现了 5G 在 VR 视频内容传输上的卓越能力。此后，包括全国两会在内的多个重大场合都进行了 5G+VR 直播。现场的每一帧画面都能实时传送，让远在千里之外的观众可以感受到现场的真实环境和气氛，极大地提升了用户的观看体验。

除了视频直播之外，5G+XR 在游戏娱乐、培训教育、远程医疗、工业互联、国防军事等领域，都有非常广阔的应用前景。例如，在培训教育领域，5G+XR 可提供身临其境的场景模拟，避免搭建真实的使用环境所带来的高昂费用，显著降低了培训成本，同时保证了培训效果。再例如，在工业领域，生产线上的工作人员可以通过 5G+XR 对设备进行更全面的检查，既可以看到设备真实的运行情况（如状态灯、系统读数），也可以通过 AR 看到更多的系统运行信息。工作人员甚至可以通过佩戴的 VR 眼镜，对设备进行远程维护操作。

总而言之，5G 帮助 XR 行业解决了技术瓶颈问题，解锁了更多的行业应用场景。在 5G 的协助下，XR 从业者可以将更多的精力放在内容开发上，推动 XR 产业以更快的速度向前发展。与此同时，XR 作为 5G 的主要需求来源，又将促进 5G 的落地普及。5G+XR，两者将相互带动，共同发展。

 5G+IoV，发轫之始

相比移动互联网，物联网场景才是 5G 真正的舞台。5G 物联网方向应用的重要性和场景种类远远超过移动互联网方向。接下来介绍和分析 5G 物联网应用中最重要也是最典型的场景——IoV。

IoV（Internet of Vehicles，车联网）是 IoT 的一种。简单来说，车联网就是由汽车及汽车交通运输系统相关元素组成的通信网络。车联网不仅把车与车连接在一起，它还把车与行人、车与路、车与基础设施（信号灯等）、车与网络、车与云连接在一起。V2X（Vehicle to Everything，车联万物）就是真正意义上的车联网。

可以统称为 V2X 的连接

类型	中文	英文全称
V2V	车与车	Vehicle to Vehicle
V2P	车与行人	Vehicle to Pedestrian
V2R	车与路	Vehicle to Road
V2I	车与基础设施	Vehicle to Infrastructure
V2N	车与网络	Vehicle to Network
V2C	车与云	Vehicle to Cloud

车联网包括车辆内部网络和车辆外部网络两个部分。一辆车包括很多部件，例如空调、音响、摄像头、发动机、轮胎等。在这些部件上安装传感器，可以获取大量的数据。例如，在轮胎上可以安装胎压传感器，收集胎压数据。这些数据需要被传输出来，用户才能看到，进而了解车辆的运行状态。车辆内部负责数据传输的网络，我们称之为车内网。

如果车辆本身不具备对外通信的能力，那么，车内网就是一个局域网，或者说是一个数据孤岛。司机可以通过汽车仪表盘查看这些数据。或者，司机可以通过蓝牙等技术，将手机和汽车相连，以便查看数据。但是，这种方式在传输速率、传输容量、即时性和便捷性方面存在不足。于是，科学家们开始尝试使用更好的通信技术，帮助汽车拥有更加强大的外部通信能力。

实现这样的能力并非易事。因为车辆通常在高速移动，而且移动的范围非常大。早期的时候，为了实现车辆的对外通信，采用的是 DSRC（Dedicated Short Range Communication，专用短距离通信）技术。

这项技术是 1992 年 ASTM（American Society for Testing Materials，美国材料与试验协会）针对 ETC（Electronic Toll Collection，电子不停车收费系统）业务提出来的。后来经过不断完善，变成了 IEEE 的车联网通信技术标准（IEEE 802.11p）。美国车联网通信早期主要采用的就是 DSRC 技术（现在已经逐渐弃用）。DSRC 技术的原理可以类比为在道路边上安装 Wi-Fi 设备，让车辆通过这个 Wi-Fi 网络进行通信。它适合在短距离内工作，如果距离太长，可靠性等方面会出现问题。

随着蜂窝通信技术的发展，工程师们开始着手将蜂窝通信技术引入车联网。2014 年 9 月，LG 公司向 3GPP 组织提交了 LTE 在 V2X 通信应用的规范草案。同年 12 月，爱立信提交了增强 LTE D2D 相近服务的规范草案。随后，2015 年，3GPP 正式启动了 LTE-V 技术标准化的研究。技术标准化的推进速度很快，到 2016 年 9 月，3GPP 就在 R14 版本里完成了对 LTE-V2X 标准的制定。LTE-V2X 就是 LTE-V。可以说，LTE-V 是给车联网量身定制的 LTE。

LTE-V 依托现有的 LTE 基站，避免了重复建设，而且工作距离比 DSRC 的工作距离远得多，还提供了更高的带宽、更高的传输速率和更大的覆盖范围。两者之间的对比如下表所示。

LTE-V 技术和 DSRC 技术的对比

对比项	DSRC 技术详情	LTE-V 技术详情
制定者	IEEE	3GPP
支持者	美国交通部、各大车企	部分手机和芯片制造商、通信企业
代表企业	恩智浦	高通、华为
标准情况	标准化进程开始于 2004 年，现已完成	标准化进程开始于 2014 年，现已完成
平均时延	低（小于 50 ms）	高（大于 50 ms）
带宽	高	更高

LTE-V 大部分性能指标不错，但有一个指标不行，那就是时延。在车联网里，时延是优先级很高的一个指标。时延的大小对车辆的安全行驶有着重要影响。我们来计算一下，现在高速公路的限速是 120 km/h，也就是 33 m/s。如果晚 1 s 刹车，就意味着多前进了 33 m 的距离。如果晚 0.1 s 刹车，则多前进了 3.3 m 的距离。如果晚 0.01 s 刹车，则多前进了 0.33 m 的距离。生与死之间，有时候就是这不到半米的距离。所以，车联网对网络时延的要求是个位数的毫秒级。LTE 网络的时延是 30~100 ms，有时候甚至更高，不符合要求。

但是，5G 作为 4G LTE 的演进，是可以满足要求的！5G 三大应用场景之一的 uRLLC，也就是低时延高可靠通信场景，专门满足像车联网这样的需求。在这个场景下，5G 的时延可以达到 10 ms 以内，甚至可以达到 1 ms。除了时延之外，5G 还拥有很多 4G LTE 不具备的优点——它拥有更高的带宽，支持更大数量的连接，还支持终端以更高的速度移动，例如 500 km/h。这个速度不仅可以满足汽车的要求，就算在高铁上使用也完全没有问题。正因为 5G 有这么多 4G LTE 不具备的优点，所以能够更好地解决困扰车联网发展的车辆对外通信能力的问题。有了 5G 的支持，车联网的潜力可以被进一步激活和释放。

在 5G+车联网的场景下，车辆内部所有传感器的数据都将被传上网络，所有关于车辆运行状态的信息都会被实时传送到云计算中心或者边缘计算中心。围绕这些数据和信息，可以挖掘出海量的商业应用。例如，汽车油量（电量）低于告警值时，相关信息会很快反馈给车主和云端。云端会告知车主哪里有加油站（充电桩），并提供导航信息和价格。再如，车辆的某个零部件的数据出现异常时，云端会进行分析，然后告知车主可能存在的风险，提供处理建议，或者提供维修点信息及导航信息。

在 5G 车联网的帮助下，地图导航、拥堵路况、停车位、气象等信息，都可以实时和车辆同步，享受影音娱乐更是轻而易举。这些还只是

5G 车联网的基础应用。5G 车联网的高级应用，当然是远程驾驶和自动驾驶。而自动驾驶可以说是车联网发展的终极目标。

◎ 5G+车联网

目前我们所看到的自动驾驶，基本上是以车辆自身决策为主。自动驾驶需要的传感器主要包括摄像头、雷达和激光雷达。车辆本身会对传感器数据进行智能化处理，实现信息源综合分析，最终做出决策。这种决策具有一定的局限性，缺乏对外部环境的完整掌握。5G 有利于计算中心对所有车辆、路况信息数据进行采集，然后在车辆间分享。例如，前车发现山坡坠石，在自行避让的同时，会将这个信息告诉几千米甚至几十千米之外的后方车辆，后方车辆即可提前进行规避准备。这无疑大大拓宽了车辆的"视野"，也提高了自动驾驶的安全性。

在 5G 车联网场景中，车辆摄像头采集的高清数据可以被快速传输到云端。5G 网络切片技术还能够给车联网提供可靠的服务质量保证，提升可靠性。5G 的边缘计算中心也是自动驾驶的重要组成部分。所以说，自动驾驶需要 5G，5G 是自动驾驶的可靠保证。

此外，5G+车联网，配合云计算、大数据和人工智能技术，还将有效解决城市内部的交通拥堵问题。汽车和各种交通基础设施（例如信号灯、摄像头）将通过 5G 接入云计算中心和边缘计算中心。通过云计算及大数据技术，对这些交通数据进行分析和计算，可以掌握整个城市的交通流量、拥堵状况。通过 AI 技术可以做出合理的决策，对所有道路车辆进行路径规划，辅以交通调度。这样可以最大限度地提升城市的运力，同时，还可以大幅降低交通事故的发生概率。

总而言之，5G 将对车联网的发展提供巨大的帮助，也很可能彻底改变我们的出行方式。

 ## 5G+无人机，凌空展翼

看了地上跑的，再来看看天上飞的。无人机也是 5G 商业应用的一个重要方向。5G 在农业、电力、环保等领域的很多应用场景都和无人机有着密切的关系。

我们通常所说的无人机就是 UAV（Unmanned Aerial Vehicle，无人驾驶飞行器）的简称。更准确地说，无人机就是一种通过无线遥控或程序控制来执行特定航空任务的飞行器。它和常规飞机最大的区别，当然就是飞行器上不搭载驾驶人员。

无人机诞生于第一次世界大战时期。在 20 世纪漫长的岁月里，无人机一直都是用于军事用途，例如作为靶机、侦察机等。进入 21 世纪后，军用无人机更是迅速发展，成为战场的主角。随着无人机技术的不断成熟，加上市场的迫切需求，无人机开始从军用领域向民用领域发展。于是，衍生出各种各样的民用无人机机型，广泛应用于各个行业。目前应用最多的民用旋翼无人机，可用于农药喷洒、物流运输、视频拍摄等，给我们的工作和生活带来了很大便利。

一个完整的无人机系统，除了飞行器之外，还包括地面的遥控子系统。传统的无人机操控方式属于点对点通信。无人机操控者（飞手）通过遥控器控制无人机的飞行动作。遥控器和无人机之间的数据传输采用的是 Wi-Fi 或蓝牙的方式。

Wi-Fi

◎遥控器与无人机之间采用 Wi-Fi 进行数据传播

Wi-Fi 或蓝牙通信存在很大的弊端，最突出的问题就是通信距离非常有限。于是，工程师们提出了一种全新的无人机通信方式，那就是网联无人机。网联无人机是利用基站来与控制端建立连接的。相对于 Wi-Fi，蜂窝基站的覆盖范围较广，将使无人机的通信更加灵活、可靠。

无人机与地面的通信主要有 3 种目的：图传（传输视频或图像）、数传（传输数据）和遥控。其中，图传对无人机通信能力的要求是最高的。无人机主要是用于航拍，距离拍摄对象通常都比较远，720p（4G LTE 蜂窝通信）或 1080p（Wi-Fi 点对点通信）的分辨率无法让用户看清想要看

基站信号

◎网联无人机利用基站与控制端建立连接

到的物体，例如在查看设备指示灯和进行人脸识别的时候。除了传输带宽之外，4G LTE 在其他很多方面也不能满足用户的需求。例如，在定位方面，现有 4G 网络在空域定位的精度约为几十米（如果采用 GPS 定位，精度大约在几米），对于一些需要更高定位精度的应用（如园区物流配送、复杂地形导航等），必须考虑增加基站来提供辅助才能实现。此外，在覆盖空域方面，4G 网络通常只能覆盖 120 m 以下高度的空域

范围，在 120 m 以上（一些高空需求，如高空测绘、干线物流等）的高度，无人机容易出现失联状况。这些缺陷限制了网联无人机的应用场景，影响了它的长远发展。

5G 的出现将彻底解决以上问题。就以上面介绍的图传为例。5G 的超高传输带宽完全可以满足 4K 甚至 8K 的超高清视频图传。相比于地面传统摄像头静态、小视角的效果，无人机搭配 5G，将实现动态、超高清广角的俯视效果。

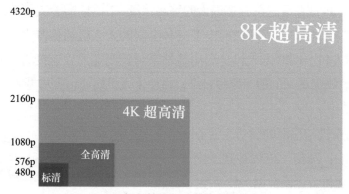

◎视频各精度与分辨率的对应

更厉害的是，相比于传统无人机只能用单镜头相机拍摄，在 5G 的支持下，无人机可以吊装 360° 全景相机进行多维度拍摄，并将图像实时传回地面。地面上的人员可以通过 VR 眼镜进行多角度观看。换言之，无人机真正成了一览无余的"天眼"。

除了超高传输带宽之外，5G 网络还具有超低时延的特性，能够提供毫秒级的传输时延。这将使无人机响应地面命令更快，飞手对无人机的操控更加精确。配合 5G 提供的厘米级定位精度，可以满足在复杂地形环境中的飞行需求。5G 所采用的 Massive MIMO 天线阵列以及波束赋形技术，可以灵活地调节各个天线发射信号的相位，不仅是水平方向，还包括垂直方向。这有利于对一定高度的目标进行信号覆盖，也能够满足未来城市多高楼环境下无人机的飞行需求。

在无人机的飞行数据安全保障方面，5G 也有明显的优势。5G 的数据传输过程更加安全可靠，无线信道不容易被干扰或入侵。

5G 除了解决无人机和基站之间通信的问题之外，还可以给无人机系统支撑平台带来很大的改进。一个完整的无人机系统包括空中部分和地面部分。在传统的 Wi-Fi 点对点通信中，地面部分只有遥控器和手机，计算能力弱，存储空间小，功能非常有限。而 5G 网络可以为网联无人机提供强大的平台支撑。结合云计算，网联无人机的地面平台可以提供更大容量的数据存储、更强大的计算能力，为更多的地面人员提供多样化服务（如观看视频等）。

◎ 5G 网联无人机系统

凭借 5G 海量连接的特性，5G 网络可以接入的无人机数量几乎是无限的。这对高密度飞行和机群协同来说也是不可或缺的能力。

5G 的边缘计算能力也适用于无人机场景。通过在 5G 基站附近设置边缘计算中心，无人机相关的数据可以在边缘计算中心完成计算，而不用送往更远的云计算中心，为低时延业务（如未来可服务于无人机的自动驾驶）提供了可靠保证。更进一步，5G 所提供的 D2D 通信能力，可以让无人机与无人机之间直接通信，更好地服务于自动驾驶和机群协同。

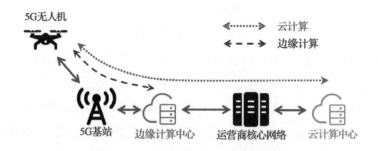

◎ 5G 的边缘计算能力适用于无人机场景

◎ 5G 提供了 D2D 通信能力

　　总之，5G 所具有的高带宽、低时延、高精度、宽空域、高安全优势可以帮助无人机补足目前的短板，解锁更多的应用场景，满足更多的用户需求。

　　下面通过一些具体的应用案例，来看看 5G 无人机到底能做些什么。

- **线路巡检**

我们来看看线路巡检，这也是现在 5G 无人机应用中经常被提到的。

我国的电网输电线路设备和运营商的基站设备有些位于野外荒无人烟的地区，甚至是在崇山峻岭中。以往对这些设备的运营状况进行检查，只能采用人工巡检的方式，成本高、风险大、时间久、效率低。采用 5G 无人机进行巡检，工作人员不需要爬塔，就可以对高空设备进行 360° 全方位高清视频检查。4K 甚至 8K 视频的清晰度足以满足查看设备的各项细节（甚至包括仪表参数和指示灯）、完成数据采集和存档的需求。

◎无人机线路巡检

而且，5G 无人机可以根据需要选择不同的相机吊舱，例如高清变焦相机、红外相机、夜视相机、激光雷达等，以获得更为准确和详细的影像信息。5G 无人机还可以搭载特殊吊舱，在精准操作下进行一些特殊的处置。例如搭载喷火吊舱，将高空的障碍物清除。采用 5G 无人机进行巡检，降低了风险，缩减了时间，提升了效率，进而大幅削减了成本。除了电网和基站之外，输油管道现在也开始采用无人机进行巡检，取得了不错的效果。

- **交通管理和公共安全管理**

5G 无人机在交通秩序维护和公共安全管理方面也有独特的优势。相比于传统道路摄像头的监控，5G 无人机的机动能力更强，灵活性更高，可以在第一时间到达现场。5G 无人机回传的全景广角高清图像和视频，便于交管部门及时查看道路拥堵情况和交通事故情况。5G 无人机可以在道路巡线过程中，及时发现道路违法情况，对违法停车、违法占用应急车道、违法变道等行为进行 4K 超高清拍照取证。5G 无人机还集成了远程喊话的功能，可以对现场车辆进行疏导和警告。这有利于节省警力资源，缩短出警时间，更高效地完成交通管理工作。

- **应急通信和救援**

另外值得一提的，是 5G 无人机在应急通信和灾害救援方面的应用。当发生自然灾害（例如地震、泥石流、洪水）时，传统通信基站往往会被损毁，无法正常工作。这个时候，运营商就可以采用无人机，搭载通信基站，为灾区提供临时的通信信号覆盖服务。除了保障通信之外，5G 无人机也可以为被困人员提供定位服务，确认被困人员的位置。此外，5G 无人机还可以实时拍摄并回传灾区现场的超高清视频画面，帮助救灾工作人员更有效地进行组织调度，协调救灾资源。

5G 无人机所能发挥作用的地方远不止上述这些，包括无人机物流、无人机消防、无人机边境巡逻等，各行各业都有 5G 无人机的身影，它的经济效益与社会效益十分可观。

无人机的应用

领域	方向
公共服务	边境巡逻、森林防火、河道监测、交通管理、集会人流控制

续表

领域	方向
能源通信	电力巡线、石油管道巡线、天然气管道巡线、基站巡检
国土资源	城镇规划、铁路建设、线路测绘、考古调查、矿产开采
商业娱乐	新闻采集、商业表演、电影拍摄、三维建模、物流运输
农林牧渔	农药喷洒、辅助授粉、农情监测
防灾救灾	灾害救援、应急通信保障
个人用户	航拍娱乐

 5G+工业互联网，让制造"智能"起来

在第 2 章曾经提到，真正的互联网包括消费互联网和工业互联网，后者主要面对的是农业、工业、能源、科研、教育、物流等领域的互联网应用需求。

无论对哪个国家而言，工业都具有极其重要的战略地位。工业是国民经济的主体，是立国之本、兴国之器、强国之基。没有强大的工业，国家和民族的强盛就无从谈起。正因为如此，工业互联网的发展有着非比寻常的意义。人类社会进入工业时代之后，一共经历了三次工业革命。每次工业革命都是国家崛起的宝贵机遇，像英国、德国、日本、美国这样的世界强国，都是把握住机遇从而迅速崛起的。现在，我们再次站在了新的历史转折点，来到了第四次工业革命的门口。而这次工业革命的一项重要内容，就是工业互联网。

21 世纪以来，全球爆发了多次金融危机，全球经济受到沉痛打击。尤其是大家重点关注的高科技产业，遭受的打击最大。相反，工业在危机中表现出了很好的抗打击能力。于是，各国开始重新重视工业的发展。

首先是德国。德国是欧洲老牌工业强国，一直都以发达的工业科技和完备的工业体系著称于世。关于工业发展的未来方向，德国提出了自己的国家级工业革命战略规划，也就是大名鼎鼎的"工业4.0"。德国的主要目的是提高本国的工业竞争力，巩固领先优势，在新一轮工业革命中占领先机。

另一个老牌工业大国、世界头号经济强国——美国，也对工业革命的到来做出了反应。美国总统科技顾问委员会于2011年、2012年先后提出《保障美国在先进制造业的领导地位》（*Ensuring American Leadership in Advanced Manufacturing*）、《获取先进制造业国内竞争优势》（*Capturing Domestic Competitive Advantage in Advanced Manufacturing*）这两份报告，里面提到了"AMP计划"，AMP就是Advanced Manufacturing Partnership，先进制造伙伴。2014年10月，该委员会又发布了被称为"AMP2.0"的新报告——《加速美国先进制造》（*Accelerating U.S. Advanced Manufacturing*）。美国在报告中明确提出了加强先进制造布局的理由，那就是保障美国在未来的全球竞争力。

我国作为传统工业大国和亚洲制造业龙头，提出了"制造强国"的发展战略，力推工业互联网的发展。工业互联网是指通过开放的、全球化的通信网络平台，把设备、生产线、员工、工厂、仓库、供应商、产品和客户紧密地连接起来，共享工业生产全流程的各种要素资源，使其数字化、网络化、自动化、智能化，从而实现效率提升和成本降低。简单来说，工业互联网就是把人、数据和工业机器连接起来，通过数据的生成、传输、存储、计算和分析，最终挖掘出价值。这个过程既离不开通信技术，也离不开计算技术，更离不开工业技术。因此，我们可以将工业互联网称为"工业技术革命"和"ICT（信息通信）技术革命"相结合的产物。

在这里，小枣君要解释一下"OT"的概念。IT 是 Information Technology，信息技术；CT 是 Communication Technology，通信技术。那么，OT 是什么？OT，就是 Operation Technology，操作技术。它涉及工厂车间里面的工业环境和设备，包括机械臂、传感器、仪器仪表、监控系统、控制系统，等等。工业互联网，就是 IT、CT、OT 的全面融合和升级。它既是一张网络，又是一个平台，更是一个系统，实现了工业生产过程所有要素的泛在连接和整合。

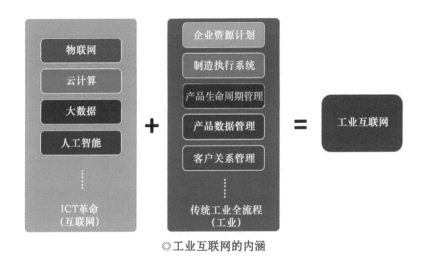

◎ 工业互联网的内涵

作为通信技术的最新升级，5G 是 ICT 革命的重要组成部分。它和工业互联网之间的关系主要集中在接入层。高连接速率、超低网络时延、海量终端接入、高可靠都是 5G 所具备的优点。这些优点将非常有利于 5G 替代现有的厂区物联网通信技术，尤其是 Wi-Fi、蓝牙等短距离通信技术，甚至可以替换像 PON（Passive Optical Network，无源光网络）这样的固网有线宽带接入技术。一些以往受限于网络接入而不能实现的应用，如高精度机械臂加工，在 5G 网络环境下将变得可行。如果采用 5G 对机械臂进行远程控制，时延将缩短到毫秒级，可以很好地满足加工精度的要求。此外，5G 的超高带宽在传输工业厂区的 4K/8K 设备的监控影像时，也将发挥重要作用。

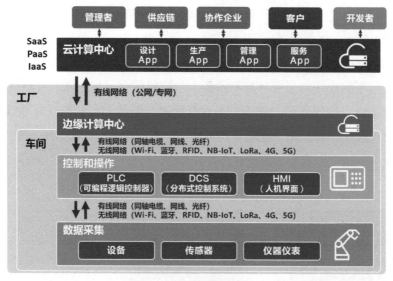

◎工业互联网的架构

　　除了接入层之外，5G 的网络切片、移动边缘计算都可以在工业互联网领域找到不错的落地场景，满足用户的多样化需求。虽然工业互联网拥有广阔的应用前景，但它的推进之路并不平坦，依然面临很多现实问题，例如数据安全问题。企业对数据安全的顾虑严重影响了它们上云的积极性。这些企业担心自己的核心数据不能得到很好的保护，一旦泄露，带来的后果将是灾难性的。保护数据的安全，既需要平台拥有可靠的技术，也需要企业本身有很好的软硬件环境和管理水平。现在很多企业的基础设施落后，资金和技术有限，想要实现工业互联网的"速成"，确实不太现实。此外，工业互联网标准的缺失，以及企业 ICT 人才的不足，都是工业互联网向前发展的障碍。所以说，推动工业互联网的发展和普及，任重而道远。

　　但是不管怎么说，工业互联网是工业发展和升级的必经之路。我国作为工业大国，正处在工业转型升级的关键时刻，面对人工成本上升、原材料价格波动、贸易竞争日益加剧等情况，迫切需要提高效率、降低生产成本。只有坚定不移地推动工业互联网落地，加快企业的数字化转型和智能化改造，才能够让自己在全球化竞争中立于不败之地。

尾 声

正如各位所见，5G 的功能定位和应用场景发生了巨大的变化。

5G 将与众多产业深度融合，对千行百业进行数字化、智能化赋能，颠覆现有的生产模式、商业模式甚至社会运行模式，进而创造价值。虽然这些改变并不会像想象中来得那么快，"万物智联"的美好未来尚需时日才会到来，但是，看准了未来战略走向的企业，已经悄悄地采取了行动，正朝这个方向努力！

第 6 章
5G 接入网

引 言

前面详细介绍了 5G 的功能定位和行业应用。从本章开始，将介绍比较"硬核"的技术内容，从接入网、承载网、核心网和终端这 4 个角度出发，深入介绍 5G 通信网络的组成架构和技术演进。

希望这几章的技术内容，能让大家对 5G 有更全面的认识，有助于大家建立对整个移动通信系统工作过程的认知。

 5G 接入网整体介绍 ————————————————

　　小枣君在第 3 章给大家介绍过，移动通信网络主要分为接入网、核心网和承载网 3 个部分。所谓接入网，就是把所有终端（例如手机）都连接到通信网络里面的这个功能性网络。无线通信里的接入网又被称为无线接入网，也就是通常所说的 RAN。基站是 RAN 的主要组成部分。

　　从本质上来说，无线接入网的作用就是完成有线信号和无线信号之间的转换，通过电磁波，让手机和网络建立联系。想要实现这个目标，基站必须完成的工作包括编码解码、调制解调、加密解密、发射无线信号、接收无线信号等。

◎无线接入网的作用：转换、连接

　　在 1G 时期，这些编码调制的功能都被"打包"塞在一个柜子或一个机房里。负责收发无线信号的就是天线，它被挂在室外高处。机柜和天线之间，通过馈线进行连接。

　　后来，为了让功能的使用更加灵活，也为了产业生态更加开放，通信厂商对这个柜子进行了拆分。负责信号调制的部分变成了 BBU（Baseband Unit，基带处理单元）；负责射频处理的部分变成了 RRU（Remote Radio Unit,

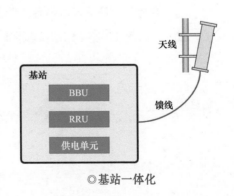

◎基站一体化

射频拉远单元）。于是，基站逐渐演变为以下 4 个部分：BBU（主要负责信号调制）；RRU（主要负责射频处理）；馈线（连接 RRU 和天线）；天线（主要负责线缆上的导行波和空气中的空间波之间的转换）。

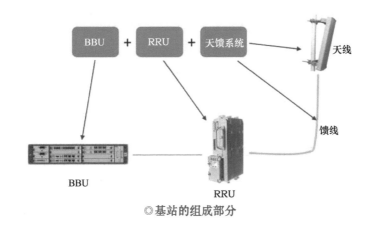

◎基站的组成部分

在硬件上将 RRU 和 BBU 分离后，RRU 的位置变得更加灵活。有时候，它会被摆放在机柜里，有时候，它会被挂在机房的墙上。BBU 的位置相对较为固定，一般就是在机柜里"老老实实"待着。再到后来，RRU 不再被放在室内，而是被搬到了天线的身边。这也被称为"RRU 拉远"。

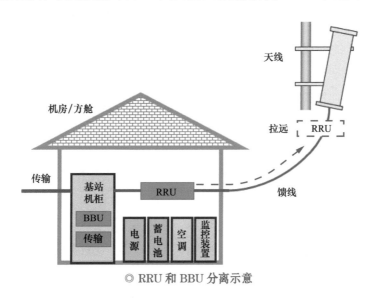

◎ RRU 和 BBU 分离示意

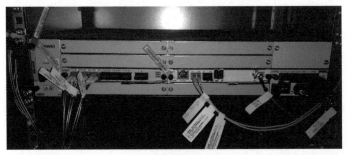

◎机柜里的 BBU

RRU 被放在天线旁，一方面，大大缩短了 RRU 和天线之间馈线的长度，可以减少信号损耗，也可以降低馈线的成本。另一方面，可以让网络规划更加灵活。毕竟 RRU 加天线的体积比较小，可以想怎么放就怎么放。RRU 拉远之后的 RAN，我们称之为 D-RAN（Distributed RAN，分布式无线接入网）。

◎天线 + RRU

说到这里，请大家注意：通信网络技术的发展演进，无非就是靠两个驱动力，一是为了更高的性能，二是为了更低的成本。有时候成本比性能更加重要。如果一项技术需要很大的投入，但是带来的回报少于付出，它就很难获得广泛应用。

RAN 的架构演进很大程度上源于运营商的成本压力。前面所说的 RRU 拉远就是为了节约成本。尝到 D-RAN 带来的甜头后，运营商酝酿着对接入网进行更进一步的改造。

◎大量的机房 = 大量的成本

于是，它们把目光放在了 BBU 身上。虽然 RRU 拉远不再占用机房空间，但是 BBU 是没办法拉远的。为了摆放 BBU 和相关的配套设备（电源、空调等），运营商需要租赁和建设很多的室内机房或方舱。这带来了很高的使用成本和维护成本。

于是，运营商就想出了 C-RAN（Centralized RAN，集中化无线接入网）这个解决方案。这个 C，不仅代表集中化，还代表了其他的含义。相比于 D-RAN，C-RAN 做得更绝。它把 BBU 全部都集中"关押"了起

Centralization – 集中
Cloud – 云化
Cooperation – 协作
Clean – 清洁

◎ C-RAN 中 C 的含义

来。"关"在哪了？ "关"在了 CO（Central Office，中心机房）里。一大堆原本分布于各处的 BBU 变成了一个集中的 BBU 基带池。运营商租赁的接入站点机房数量大幅减少，成本也随之大幅下降。根据统计，整个移动通信网络中，基站的能耗占比大约是 72%。而基站中，空调的能耗占比大约是 56%。也就是说，运营商的钱大部分都花在基站的机房建设和电费上了。

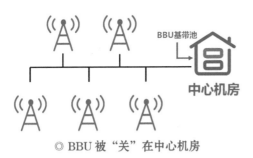

◎ BBU 被"关"在中心机房

◎基站内的功耗分析

采用 C-RAN 之后，通过集中化的方式，可以大幅减少基站机房数量，减少配套设备（特别是空调）的能耗。机房少了，租金就少了，维护费用也少了，人工费用也跟着减少了。这笔开支的节省，对饱受经营压力之苦的运营商来说，简直是久旱逢甘霖。另外，拉远之后的

RRU 搭配天线，可以安装在更合理的位置。天线的发射功率也随之降低。低发射功率意味着用户终端电池使用时间的延长和无线接入网络功耗的降低。说白了，你的手机会更省电，待机时间会更长，运营商的网络也更省电、省钱。

除了省钱之外，采用 C-RAN 也会带来很大的社会效益，减少了大量的碳排放。此外，分散的 BBU 变成 BBU 基带池之后，性能更强大了，可以进行统一管理和调度，资源调配更加灵活。

在 C-RAN 中，基站实际上"不见了"，所有的实体基站变成了虚拟基站。所有的虚拟基站在 BBU 基带池中共享用户的数据收发、信道质量等信息。强化的协作关系使联合调度得以实现。小区之间的干扰就变成了小区之间的协作，大幅提高了频谱使用效率。这被称作多点协作传输。

此外，BBU 基带池既然都部署在 CO 中，那么也就可以对它们进行虚拟化了！简单来说，以前 BBU 是专门的硬件设备，非常昂贵。现在找个 x86 服务器，装上 VM（Virtual Machine，虚拟机），运行具备 BBU 功能的软件，就能把它当作 BBU 用啦！

这下子又省了好多钱！正因为 C-RAN 可带来巨大的成本削减，所以，它受到了运营商的欢迎。

到了 5G 时代，接入网又发生了很大的变化。在 5G 网络中，接入网不再由 BBU、RRU、天线等组成，而是被重构为以下 3 个功能实体。

◎ CU（Centralized Unit，集中单元）：原 BBU 的非实时部分被分割出来，重新定义为 CU，负责处理非实时协议和服务。

◎ DU（Distributed Unit，分布单元）：BBU 的剩余功能重新定义为 DU，负责处理物理层协议和实时服务。

◎ AAU（Active Antenna Unit，有源天线单元）：BBU 的部分物理层处理功能与原 RRU 及无源天线合并为 AAU。

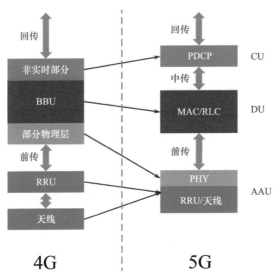

注：PDCP 即 Packet Data Convergence Protocol，分组数据汇聚协议；
RLC 即 Radio Link Control，无线链路控制；
PHY 即 Physical Layer，物理层；
MAC 即 Medium Access Control，介质访问控制。
◎接入网：4G vs 5G

简而言之，CU 和 DU 可以通过处理内容的实时性进行区分。

采用新架构，将会更有利于部署接入网的网络切片，满足 5G 差异化服务的需求。依据 5G 提出的标准，CU、DU、AAU 可以采取分离或合设的方式，所以会出现多种网络部署形态。下面介绍 4 种较常见的网络部署形态，依次如下：①与传统 4G 宏基站一致，CU 与 DU 共硬件部署，构成 BBU 单元；② DU 部署在 4G BBU 机房，CU 集中部署；

③ DU 集中部署,CU 在更高层集中部署;④ CU 与 DU 共站址集中部署,类似 4G 的 C-RAN 方式。

这些网络部署形态如下图所示。

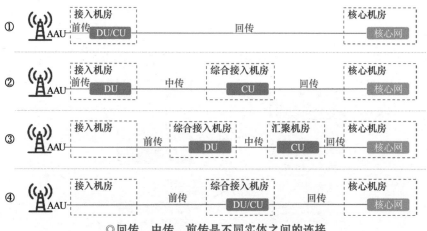

◎回传、中传、前传是不同实体之间的连接

选择不同的部署方式时,需要同时综合考虑多种因素,包括业务的传输需求(如带宽、时延等)、建设成本、维护难度等。这一部分的内容涉及承载网的知识,将在下一章进行详细介绍。

O-RAN 和基站白盒化

对于 5G 接入网来说,O-RAN 是一个经常被提及的概念。O-RAN 的 O,是 Open(开放)的意思;RAN 呢,当然就是无线接入网了。

作为一项诞生还没有几年的新

◎ O-RAN 外观

型技术架构，O-RAN 崛起的速度确实非常惊人，吸引了行业内外的广泛关注。那么，O-RAN 到底是什么呢？它有什么特别之处？为什么越来越多的厂商会追捧这项技术？接下来就详细介绍一下。

• O-RAN 的诞生背景

从 1G 到 4G，移动通信网络相关厂商的分工是非常明确的——设备商负责研发和制造设备，卖给运营商，并帮助运营商搭建网络。运营商负责运营网络，向用户提供移动通信服务，赚取利润。早期的时候，移动通信行业的技术门槛和资金门槛很高，通信设备的研发、制造难度很大。所以，只有少部分厂商有资格参与这个游戏。而这些厂商研发的设备基本上都是"黑盒"。

什么是"黑盒"？"黑盒"就是一个封闭的、对外不可见的系统。它能够实现相应的功能，但除了制造者之外，别人不知道它的内部工作原理和实现方式。和"黑盒"相对应的就是"白盒"。

"白盒"是一种透明的、可视的系统。它能够实现相应的功能，但其内部原理是开放给所有人的，接口和协议是标准化的。所有厂商都可以参照标准化文档做出这样的系统。

◎黑盒　　　◎白盒

早期厂商走"黑盒"路线主要是为了保护知识产权，构建竞争壁垒，同时也是为了提升产品的稳定性（毕竟都是自家做的，若有问题，负责到底）。随着通信技术的普及，越来越多的设备厂商开始加入这个行业。设备越来越多，某家公司想要"全包"就不太现实了。为了方便设备之间的相互对接，通信行业开始推动通信标准的统一，推动技术开放，推

动黑盒"解耦"。

所谓"解耦",就是划清界限。将原来紧密结合的系统进行拆分,把子系统之间的联系划分清楚,制定统一的接口协议。从1G到4G,通信系统的整体演进趋势就是解耦,一方面是控制面和媒体面解耦,另一方面是软件和硬件解耦。

前面提到过核心网的解耦。移动通信系统三大组成部分里,核心网的解耦做得最早,速度最快,也最为彻底。因为核心网的功能主要还是基于软件来实现的,而且大部分设备之前用的都是x86处理器芯片。核心网虚拟化就是解耦的一种方式。

承载网在向虚拟化、解耦的方向发展。SDN其实就是控制面和媒体面的解耦。数据中心的很多交换机也在向白盒化演进。

接入网因为包含大量的天线、射频、基带处理等复杂的部件和功能,所使用的硬件都是专有且独特的,所以白盒化的难度最大,不容易进行解耦改造。

即便如此,运营商仍然没有放弃接入网的解耦,甚至把它作为解耦的最主要目标。为什么呢?说白了,还是为了省钱。

无线网络建设一直是运营商TCO(Total Cost of Ownership,拥有总成本)的最主要部分,占比在60%~70%。当前阶段,运营商刚刚完成了对4G网络的建设,投资巨大,还没有能够收回成本,现在又要进行5G网络的建设,必然会对建网成本非常敏感。5G网络相比4G网络,频段更高,覆盖更弱,所以,基站数量会大幅增加。因此,运营商迫切希望5G基站的价格尽可能地降到最低。

作为中国三大通信运营商之一，中国移动一直是网络开放最积极的推动者之一，尤其在接入网解耦和白盒化方面，中国移动的诉求最为强烈。早在 2009 年，中国移动就牵头推出了 C-RAN 架构，这是为了降低成本。除了中国移动之外，美国运营商 AT&T 也是网络开放的积极推动者。AT&T 牵头成立的组织（xRAN 论坛）以及 vRAN、OpenRAN、Open vRAN 等，都很重视 RAN。我们所说的 O-RAN，它背后的主要推手是 O-RAN 联盟，就是 C-RAN 联盟和 xRAN 论坛合并之后的产物。

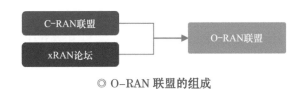

◎ O-RAN 联盟的组成

• O-RAN 联盟

2018 年 2 月，在西班牙巴塞罗那 MWC（世界移动通信大会）期间，中国移动、美国 AT&T、德国电信、日本 NTT DOCOMO 和法国 Orange 五家运营商，联合发起了 O-RAN 联盟。到了 6 月，在上海 MWC 期间，中国移动、中国电信、美国 AT&T、德国电信、日本 NTT DOCOMO、法国 Orange、印度 Bharti Airtel、韩国 SKT 和 KT、新加坡 Singtel、西班牙 Telefonica 和澳大利亚 Telstra 等运营商的首席技术官及代表，共同出席会议并签署文件，宣告 O-RAN 联盟正式成立。

截至 2019 年年底， O-RAN 联盟已有超过 100 家成员企业，其中包括 21 家全球主要电信运营商和 82 家产业链企业。产业链企业里面，既有高通、英特尔这样的芯片企业，联想、浪潮这样的 IT 企业，也有诺基亚、爱立信、中兴、中信科这样的设备商企业。国内加入联盟的企业，还包括 Baicells（佰才邦）、CertusNet（赛特斯）、Comba（京信）、

AsiaInfo（亚信）等。中国移动的专家担任了 O-RAN 联盟多个工作组的主席，体现了他们在联盟中的主导身份。

O-RAN 联盟的愿景是打造"开放""开源"与"智能"的高灵活、低成本无线网络。具体来说，就是实现 RAN 的"新四化"。

◎ 接口开放化：实现原有封闭接口的开放，减轻对单一厂商的依赖性，鼓励创新，降低成本。

◎ 软件开源化：推动无线协议栈开源，共享代码，降低研发成本，让企业把更多精力聚焦在核心算法和差异化功能软件的研发上。

◎ 硬件白盒化：将传统 BBU 硬件用通用 COTS（Commercial-Off-The-Shelf，商用部件法，也称商业现成品）服务器代替。通过引入软件定义无线电技术和通用硬件代替 RRU，可以吸引更多中小企业参与竞争。

◎ 网络智能化：AI 是 O-RAN 的一个重要的努力方向。RAN 开放和解耦之后，可以引入大数据、AI 等技术，实现复杂组网环境下的高效运维管理，提高频谱资源的利用率，降低网络能耗。

· **O-RAN 需要面对的问题**

O-RAN 承载着运营商的美好愿景，但是它到底能不能成功，还需要带着理性的目光去分析。现阶段摆在 O-RAN 面前的问题很多，归纳来说，分为以下几点。

第一个问题是能耗。

前面提到硬件白盒化使用 COTS 通用硬件。这类硬件服务器的功能很强大，什么都能运算，因为它使用的是 x86 处理器这样的通用芯片。如果你稍微懂一点 IT，就知道除了使用通用芯片之外，还会用 FPGA（Field Programmable Gate Array，现场可编程门阵列）和 ASIC（Application Specific Integrated Circuit，专用集成电路）进行运算。FPGA 和 ASIC 都可以被称为专用芯片。FPGA 就是可编程的集成电路。它可以通过硬件编程来改变内部芯片的逻辑结构，但软件是深度定制的，本质上就是专用芯片。ASIC 是为专业用途而定制的芯片，其绝大部分软件算法都固化于硅片，特点是"软硬件一体化"。它们之间的优势对比如下右图所示。

简单来说，通用芯片能完成的功能是多样化的、灵活的，但是功耗更高。ASIC 只能完成特定的运算功能，用途比较单一，不过功耗很低。FPGA 的功耗则介于通用芯片和 ASIC 之间。

◎通用芯片和专用芯片的优势对比

接入网的运算主要是实时信号的处理，更偏向于专用运算，所以采用 ASIC 是最合适的方式。如果采用全通用芯片的"白盒"，那么网络时延会更高，抖动也会更大。大部分致力于 O-RAN 的厂商会采用折中的方式，也就是通用芯片 +FPGA 的架构。

但这种架构依然解决不了能耗的问题。根据加拿大多伦多大学的研究成果，在同等算力的情况下，FPGA 能耗是 ASIC 的 12 倍。据此推测，"白盒"设备采用通用芯片 +FPGA 的架构，相比于专有硬件采用一体化高集成的 ASIC 芯片，运行 LTE 业务的能耗要高 10 倍以上。考虑到 5G 大带宽、多天线、低时延等特点，在运行 5G 业务时，这一能耗差距甚至可能达到 20 倍以上。

第二个问题是设备的可靠性。

除了能耗之外，"白盒"硬件还会因为可靠性不足导致其成本提高。通常来说，运营商网络的可用性级别必须达到 6 个 9 的标准，也就是 99.9999%。但是目前来看，"白盒"硬件无法做到这一级别，只能达到 5 个 9 的标准，也就是 99.999%。如果要满足可用性要求，则必须增加设备的冗余备份。这就造成了设备成本的增加，此外，向中国铁塔公司租用服务的成本也会增加。硬件白盒化带来的成本优势被进一步削弱。

第三个问题是维护责任的划分。

基站白盒化还会牵扯出责任划分问题，这是一个不可忽视的隐性问题。软硬件解耦之后，同一个基站系统可能包括不同厂商的软件和硬件。这样一来，就会很难分清安装和维护时的责任。以前只有一两家厂商提供服务的时候，纠纷就时有发生。现在换成 N 家厂商，十有八九责权难分。在安装阶段，这

◎安装了各种基站的通信铁塔（中国铁塔公司是根据设备尺寸、重量和数量对租用服务进行收费的）

种沟通上的不顺将严重影响设备安装的工期，甚至增加成本。在维护阶段，责任不清还会延长故障的恢复时间。运营商需要对这样的局面做好心理准备。

综上所述，O-RAN 并不完美。运营商为 CAPEX（Capital Expenditure，资本性支出）大幅下降而兴奋的同时，必须正视随之而来的 OPEX（Operating Expense，运营成本）的增长。

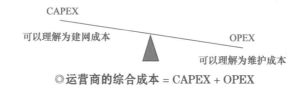

◎运营商的综合成本 = CAPEX + OPEX

如果在 CAPEX 上节省下来的钱，最终又要花费在 OPEX 上，那么 O-RAN 显然是没有什么意义的。

• **关于 O-RAN 的深入思考**

O-RAN 的本质就是运营商和设备商之间的利益博弈。运营商大力推动 O-RAN 发展的主要目的，是打破传统设备商的技术封闭，构建更开放的生态，让更多企业参与接入网设备的研发和制造，从而增强议价能力，降低设备成本。

天线厂商做 O-RAN，主要是扩大自己的产品线，避免被边缘化，也是为了和大型设备商竞争。

IT 厂商做 O-RAN，更多的是为了挤进通信这个庞大的市场；同时，如果能切入接入网，将非常有利于自家边缘计算产品的发展。

中小型初创企业做 O-RAN，更多的是为了服务中小运营商，还有对成本敏感、对性能和稳定性不敏感的偏远地区的客户，以及经济欠发达地区的客户。它们可以通过 O-RAN，在大型设备商不关注的地方，抢一点市场份额。

至于传统设备商的"加入"，其实更多的是在态度上支持 O-RAN，再者是密切关注潜在竞争对手的动态。

在 O-RAN 的具体落地方面，虽然已有厂商做出了产品，但截至 2021 年年初，除了日本乐天这个新进入通信领域的小运营商之外，还没有其他任何一家大型运营商批量使用"白盒"基站。国内的 5G 建网目前还没有对"白盒"基站进行大规模集采。

总而言之，O-RAN 所倡导的开放生态，肯定是未来通信网络发展的趋势。但想要短期内获得成功是不太可能的。不管是从技术的角度来看，还是从生态的角度来看，O-RAN 都还有很长的路要走。

▷ 尾 声

接入网是 5G 重要的组成部分，也是运营商对 5G 建设投资的大头所在。接入网的成本直接决定了运营商的 5G 建网成本。如何让技术更开源，让更多的玩家参与进来，从而激活竞争，降低成本，是运营商非常关注的问题。在这样的大背景下，接入网的灵活开放是大势所趋。无线网络白盒化的时代，也许真的正在向我们走来。

第 7 章
5G 承载网

引 言

承载网是整个网络的血管和神经，没有承载网的支撑，数据将无法在网络中进行传输。

这一章将重点分析 5G 承载网的创新和演进。

承载网是专门负责承载数据传输的网络。如果说核心网是人的大脑，接入网是四肢，那么承载网就是连接大脑和四肢的神经网络，负责传递信息和指令。或者，我们也可以将承载网理解为一个管道，连接整个网络中的网元（网络单元）。

手机　　　接入网　　　核心网

◎承载网、接入网、核心网相互协作，最终构成了移动通信网络

承载网看似简单，实际上内部结构非常复杂。它的整个技术体系和规模一点都不输给接入网和核心网。尤其是 5G 时代，承载网的发展更是到了"疯狂"的地步，引入了很多高端的"黑科技"。

下面我们就来认识一下 5G 承载网。

 ## 5G 承载网要满足哪些要求？

从 1G 到 4G，承载网经历了从低带宽到高带宽、从小规模到大规模、从高时延到低时延的巨大变化。如今的承载网已经非常强大和完善了，承载网设备的性能也十分强劲。

尽管如此，到了 5G 时代，现有承载网工作起来仍然有些力不从心。因为 5G 时代对承载网指标的要求实在是太高了，想要满足这些要求，必须进行全面的技术革新。承载网的技术革新目标主要包括以下几个方面。

第一个方面是大带宽。带宽！带宽！带宽！重要的事情说 3 遍。

毫无疑问，带宽是 5G 承载网最基础和最重要的技术指标。空口的速率提升了几十倍，相应地，承载网的带宽也要大幅提升。尤其是在目前 5G 刚起步的阶段，eMBB 是首先要实现的业务场景，最关注的就是带宽。

第二个方面是低时延、高可靠。车联网、工业控制等垂直行业对网络的时延和可靠性要求苛刻。

5G 要满足的关键需求之一就是低时延，需要实现个位数毫秒级的端到端时延。承载网作为端到端的一部分，虽然不是时延的重点提升对象，但也要分担一部分指标压力。5G 的很多场景都提出了 6 个 9 级别（99.9999%）的可靠性要求。因此，承载网也必须服务于这样的要求，还要有足够强大的容灾能力和故障恢复能力。

第三个方面是高精度同步能力。5G 对承载网的频率同步和时间同步能力提出了很高的要求。

同步到底是干啥用的？举几个简单的例子：5G 的载波聚合、多点协同和超短帧需要很高的时间同步精度；5G 的基本业务采用时分双工制式，需要精确的时间同步；再就是室内定位等增值服务，也需要精确的时间同步。

第四个方面是要易于运维。5G 承载网将会无比巨大，设备数量多，网络架构复杂。如果网络不能够做到灵活、智能、高效、开放，那对运营商和运维工作人员来说就是一场噩梦。

第五个方面是低能耗。网络既要足够强大，又要尽量省电。省电就是省钱。

第六个方面是要支持网络切片。网络切片是 5G 网络的核心能力。承载网当然也必须支持网络切片。

以上几个方面就是 5G 承载网技术革新的主要方向。如果无法达到要求，就不是合格的 5G 承载网。

5G 承载网包括哪些部分？

上一章介绍接入网的时候提到，4G 接入网由 BBU、RRU、馈线和天线系统共同组成。而 5G 接入网则被重构为 3 个功能实体，分别是 CU、DU 和 AAU。

之所以要拆分得这么细，是为了更好地调配资源，服务于业务的多样性需求（例如降低时延、减少能耗），服务于"网络切片"。 接入网发生变化之后，导致承载网随之发生变化。在此要澄清一个误解：一直以来，很多人认为承载网只是连接接入网和核心网的。这种认知其实是不严谨的。准确来说，承载网还包括接入网内部网元之间连接的部分，以及核心网内部网元之间连接的部分。

5G 接入网的网元即 AAU、DU、CU 之间，也是由 5G 承载网负责连接的。不同的连接位置有自己独特的名字，分别叫作前传、中传、回传。实际 5G 网络的建设中，DU 和 CU 的位置并不是严格固定的。运营商可以根据环境需要灵活调整。

◎前传、中传和回传，这三个"传"都属于承载网

上一章我们专门介绍过 D-RAN 和 C-RAN。D-RAN 就是分布式无线接入网，C-RAN 是集中化无线接入网。4G 时代，所谓分布或集中，指的就是 BBU 是采用分布式的还是集中式的；5G 时代，则指的是 DU 是采用分布式的还是集中式的。这种集中还分为"小集中"和"大集中"。

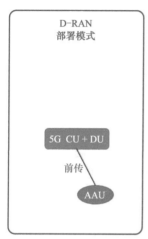
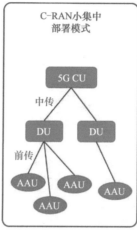
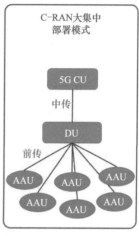

◎ 5G 接入网存在多种部署模式

[来源: 参考 IMT-2020（5G）推进组的《5G 承载网络架构和技术方案》, 2020 年 9 月]

再次提醒，采用 C-RAN 进行集中化的目的，就是实现统一管理和调度资源，提升能效，也可以进一步实现虚拟化。正因为部署模式的多样性，前传、中传、回传的位置也随之不同。

电信运营商在不同的地方有不同等级的机房。例如大城市的电信大楼机房，往往是核心机房。普通办公楼里面的基站机房，就是站点（接入）机房。小城市或区级电信楼里也有机房，可能是汇聚机房。接下来展示一张完整的承载网结构图示例，可以帮助大家理解。

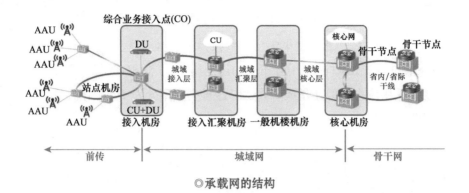

◎承载网的结构

从整体上来看，除了前传，承载网主要由城域网和骨干网组成。而城域网又分为接入层、汇聚层和核心层。接入网传过来的所有数据，最终通过逐层汇聚，到达顶层骨干网。

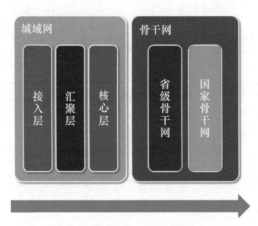

◎城域网和骨干网的架构

前传到底用了哪些设备和技术？中传呢？回传呢？下面具体介绍。

• **前传部分**

前传就是 AAU 到 DU 之间的这部分承载网。它包括多种连接方式，例如光纤直连、无源、有源、半有源和微波等。

第一种，光纤直连方式。AAU 与 DU 全部采用光纤点到点直连组网，如下图所示。这就属于典型的"土豪"方式了，简单直接。这种方式要占用很多光纤资源，适用于光纤资源比较丰富的区域，更适用于 5G 建设早期。随着 5G 建设的深入，基站、载频数量会急剧增加，这种方式肯定是人多数运营商都"玩"不起的。

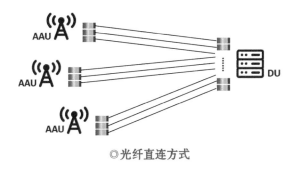

◎光纤直连方式

第二种，无源方式。将彩光模块安装到 AAU 和 DU 上，通过无源设备完成 WDM 功能，利用一对或者一根光纤提供多个 AAU 到 DU 的连接。连接方式如下图所示。

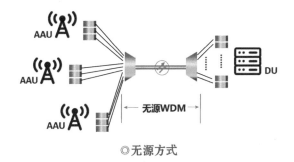

◎无源方式

Tips | 什么是 WDM？

WDM（Wavelength Division Multiplexing，波分复用）是将两种或多种不同波长的光载波信号（携带各种信息）在发射端经复用器（Multiplexer）汇合在一起，并耦合到光线路的同一根光纤中，以此进行数据传输的技术。

111

Tips | 什么是彩光模块?

　　彩光模块是光复用传输链路中的光电转换器，也被称为 WDM 波分光模块。不同中心波长的光信号在同一根光纤中的传输不会互相干扰。彩光模块将不同波长的光信号合成一路传输，大大降低了链路成本。

　　和彩光（Colored）相对应的是灰光（Grey）。灰光也叫白光或黑白光。它的波长是在某个范围内波动的，没有特定的标准波长（中心波长）。一般的客户侧光模块采用的是灰光模块。

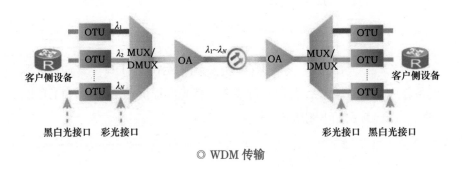

◎ WDM 传输

　　采用无源方式，虽然节约了光纤资源，但是也存在着运维困难、不易管理、故障定位较难等问题。

　　第三种，有源方式。在 AAU 站点和 DU 机房中配置相应的 WDM/OTN（Optical Transport Network，光传送网络）设备，多个前传信号通过 WDM 技术共享光纤资源。这种方案比无源方案组网更加灵活（支持点对点组和组环网），同时并没有增加对光纤资源的消耗。从长远来看，这是非常不错的一种方式。这种方式的图示见下页顶图。

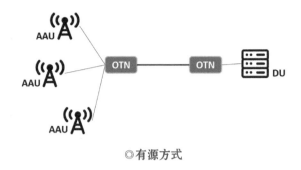

◎ 有源方式

第四种，半有源方式。无源难维护，有源成本高，都不是完美的解决方案。于是，近年来出现了一种新的前传方式，那就是半有源，如下图所示。所谓"半有源"，其实就是"一半有源，一半无源"——在无源的基础上，把 DU 侧或 AAU 侧改成有源，一般都是 DU 侧改成有源，AAU 侧保持无源状态。

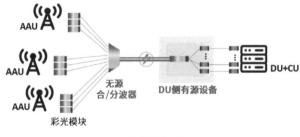

◎ 半有源方式

半有源还分为两种类型。一种是 A 型，DU 侧部署有源设备，局端设备支持远端光模块的监测和控制，AAU 侧为无源设备。另一种是 B 型，在 DU 侧增加监测接口和有源的监测板卡，增加少量维护功能，AAU 侧同样为无源设备。

那么，半有源是如何实现增加维护功能的呢？可以用两个词回答——调顶和 OAM。

调顶，就是 Pilot Tone，即利用调频或调幅技术，在发射端为波长通道的主信号生成一个低速的光随路信号。简单地解释，调顶相当于在现有信号上"叠加"了一个小信号，不会干扰现有信号的传输，但是可以携带少量信息。

半有源调顶所携带的小信号可以承载轻量级 OAM 报文。OAM 是什么？操作（Operation）、管理（Administration）、维护（Maintenance）。也就是说，光链路诊断、LOS（Loss Of Signal，信号丢失）告警，以及光模块的功率、温度、电流、电压告警等功能，都可以通过这种方式实现，大大增加了前传网络的维护能力。

正因为半有源方式兼顾了成本和维护能力，所以它受到了运营商的青睐，现在成了主流趋势。例如中国移动就推出了基于半有源方式的 Open WDM 方案，正在积极地进行落地推广。

第五种，微波方式。这种方式很简单，就是通过微波进行数据传输，非常适合位置偏远、视距空旷、光纤无法到位的情况。

◎微波方式

随着 5G 建设的深入，5G 前传的需求场景已经逐渐清晰。目前的 4G LTE 网络，主流子载波带宽是 20 MHz，单基站的峰值吞吐量大约是 240 Mbit/s（没错，一个基站的带宽其实并没有大家想的那么大）。而 5G 网络，尤其是毫米波频段，空口带宽达到 100 ~ 400 MHz，甚至更高。在 Massive MIMO 等空口技术的进一步加持下，单基站带宽将是

4G 单基站带宽的几十倍。目前，行业普遍认为 25 Gbit/s 是 5G 前传的主流接口速率。

4G/5G 前传对比

项目	4G 前传参数	5G 前传参数
距离场景	1.4 km、10 km	300 m、10 km、15 km、20 km
接口类型	CPRI	eCPRI
光模块	1 Gbit/s SFP+ 10 Gbit/s SFP+ 10 Gbit/s CWDM SFP+ 10 Gbit/s Tunable SFP+	25 Gbit/s Duplex SFP28 25 Gbit/s BiDi SFP28 25 Gbit/s CWDM/MWDM/LWDM SFP28 25 Gbit/s DWDM SFP28

Tips | CPRI 和 eCPRI

这里补充介绍两个和前传有关的概念：CPRI（Common Public Radio Interface，通用公共无线电接口）和 eCPRI（enhanced CPRI，增强型 CPRI）。

4G 时代，BBU 和 RRU 之间通过 CPRI 相连。CPRI 是一个通用的接口，有多个不同的版本，不同的版本对应不同的网络制式。到了 5G 时代，AAU 和 DU 之间的带宽可能会达到数百 Gbit/s，CPRI 已经无法满足要求，所以就升级到了 eCPRI，从而显著提升了接口带宽。

CPRI 与 eCPRI 的对比

接口标准	主要应用	距离场景	接口带宽
CPRI	4G	1.4 km、10 km	10 Gbit/s
eCPRI	5G	100 m、300 m、 10 km、15 km、20 km	25 Gbit/s

如果 5G 接入网采用 100 MHz 的频谱，那么需要 3 个 25GE 接口。

如果采用的是中国移动的 160 MHz 的频谱，或者电信联通共建共享的 200 MHz 的频谱，就需要 6 个 25GE 接口。对拥有 3 个 AAU 的基站站址来说，如果采用双纤双向（Duplex）的光纤直驱，需要 12 纤 12 路。

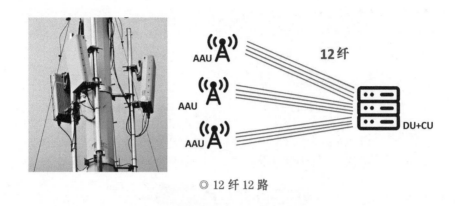

◎ 12 纤 12 路

如果采用单纤双向（BiDi）的光纤直驱，就减少了一半光纤，需要 6 纤 12 路。

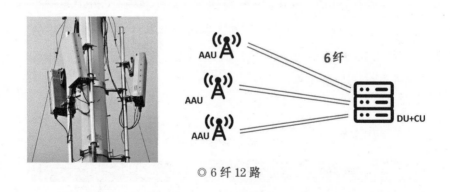

◎ 6 纤 12 路

采用半有源方式的话，甚至可以做到 1 纤 12 路，也就可以实现 1 站 1 纤（一个基站用 1 根光纤就够了）。这样，在提高维护能力的基础上，极大节省了光纤。

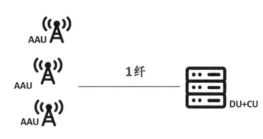

◎ 1 纤 12 路

从 2019 年开始，5G 前传相关的标准化工作已经全面启动。截至 2020 年年底，CCSA（China Communications Standards Association， 中国通信标准化协会）、ITU-T 等多个标准组织在同步进行相关标准的制定工作。我国的进度要稍微快一些，2021 年上半年，我国的前传系统标准化工作将初步完成。

产业化方面恰好相反，我国的产业化工作要慢于国外。前传设备最关键的是 25GE 光模块的光电芯片，国外厂商基本具备了量产该芯片的能力，而国内厂商整体上还处于研发或小批量生产的阶段。

- **中传和回传部分**

接下来讲讲中传和回传。

因为带宽和成本等原因，中传和回传肯定不能用光纤直连或无源 WDM 的方式，微波方式也不现实。5G 中传和回传承载方案，主要集中在对 PTN（Packet Transport Network，分组传送网）、OTN、IPRAN 等现有技术的改造上。

从宏观上来说，5G 承载网的本质就是在 4G 承载网现有技术的基础上，通过"加装升级"的方式，引入很多"黑科技"，实现能力的全面强化。以中国移动、中国电信和中国联通 3 家运营商的 5G 中传和回传承载网方案为例，这些方案基本上都是在现有方案的基础上进行加强和改良，从而实现对 5G 的支持。

首先看实力最强的中国移动。中国移动认为，SPN（Slicing Packet Network，切片分组网）是最适合自己的方案，能够满足自己的所有需求。SPN 是中国移动自主创新的一种技术体系。中国移动的 4G 承载网是基于 PTN 的。SPN 基于以太网的传输架构继承了 PTN 传输方案的功能特性，并在此基础上进行了增强和创新。

SPN 相当于在以太网上"升级"一个光接口，可以充分利用现在非常成熟的以太网生态链，实现较高的性价比。因此，中国移动非常看好 SPN，竭尽全力推动 SPN 的标准立项，还大力扶持 SPN 上下游产业链的发展。在中国移动的努力下，SPN 技术确实发展得很快，产业链日趋完整。

中国电信在 5G 承载领域主推基于 OTN 的 M-OTN（Mobile-optimized OTN，面向移动承载优化的 OTN）方案。中国电信之所以会选择 M-OTN，和它拥有非常完善和强大的 OTN 有很大的关系。中国电信的老本行是固网宽带，在光传输网基础设施方面还是很有家底的，带宽资源非常充足。

OTN 作为以光为基础的传送网技术，具有大带宽、低时延等特性，可以无缝衔接 5G 承载的需求。而且，OTN 经多年发展，技术稳定可靠，并有成熟的体系化标准支撑。对中国电信来说，可以在已经规模部署的OTN 上实现平滑升级，既省钱又高效。

中国联通采用的是利旧自家 IPRAN 的方案。IPRAN 即无线接入网 IP 化，它是业界主流的移动回传业务承载技术，在国内运营商的网络上被大规模应用，在 3G 和 4G 时代发挥了卓越的作用，运营商积累了丰富的运营经验。但是现有的 IPRAN 技术是不可能满足 5G 要求的，所以中国联通开发了 IPRAN2.0，也就是增强 IPRAN。

IPRAN2.0 在端口接入能力、交换容量方面有了明显的提升。此外，在隧道技术、切片承载技术、智能维护技术方面也有很大的改进和创新。中国联通一直都在进行 IPRAN2.0 规范的功能验证和性能测试，总体情况不错。

以上就是国内三大运营商 5G 中传和回传承载网方案的情况。

"经济基础决定上层建筑"，其实现在的情况和这倒是有几分相似。承载网作为通信网络的躯干，其建设需要大量的资金，运营商肯定会充分考虑资源复用、建设成本以及产业成熟度等多方面的因素，慎重选择最适合自己的方案。而面对这样的情况，处于产业链上下游的企业其实是很痛苦的。大型设备商还好说，中小厂商很难同时从事多个跑道的研究。如果各大方案不能朝融合的方向发展，就会迫使产业链企业"站队"。这肯定会制约产业链的扩大和共享，也会影响承载网建设整体成本的减少。所以，很多专家呼吁各大运营商的方案能尽量"融合"，最好是殊途同归。这样的话，不管是对产业链、运营商还是用户，都是好事。

 承载网的关键技术 ─────────────────────

接下来再讲讲 5G 承载网中的常见关键技术。

• 5G 承载网的分层结构

先看一下 5G 承载网的整体分层结构。任何通信系统都是分层的。就像 OSI（Open System Interconnection，开放系统互连）七层模型一样，不同的层级对应不同的功能，每个层级都有自己的作用。以 OTN 为例，引入光信号之后，主要分层如下右图所示。

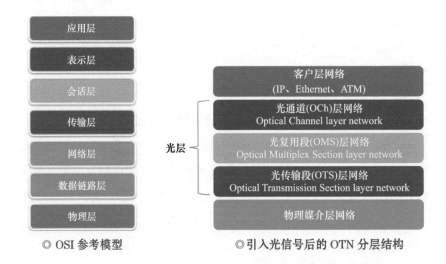

◎ OSI 参考模型　　◎引入光信号后的 OTN 分层结构

简单来说，最下面是物理媒介层网络，往上是光层。光层分为光传输段层网络、光复用段层网络和光通道层网络。就像公路运输，需要发动车辆，需要划分车道，还需要编排车队。最终，面向顶层的客户层网络提供服务支撑。

从整体上来看，5G 承载网可以大致分为如右图所示的几层。

◎ 5G 承载网的分层结构
［来源：参考 IMT-2020(5G) 推进组的《5G 承载网络架构和技术方案》，2020 年 9 月］

———————————

[7]　TDM 即 Time-Division Multiplexing，时分复用。

5G 承载网的所有关键技术都在这个层级中有自己的位置。如果要搞懂一项技术，首先要知道它所处的层级。前面提到，中国移动、中国电信、中国联通有自己 5G 承载网的主推方向，即分别是 SPN、M-OTN 和增强 IPRAN。这 3 个方案对应各个层级的具体技术如下表所示。

3 个方案的各层级技术对比

	SPN	M-OTN	增强 IPRAN
业务适配层	CBR、L2VPN 和 L3VPN	CBR、L2VPN 和 L3VPN	L2VPN 和 L3VPN
L2 和 L3 分组转发层	MPLS-TP、SR-TP/SR-BE	SR-TE/SR-BE/MPLS(-TP)	SR-TE/SR-BE/MPLS(-TP)
L1 TDM 通道层	切片通道层（SCL）	ODU*k*/ODUflex	—
L1 数据链路层	FlexE 或 G.MTN	ITU-T OTU*k* 或 FlexO	FlexE 或 Ethernet
L0 光波长传送层	灰光或 WDM 彩光模块	灰光或 WDM 彩光模块	灰光或 WDM 彩光模块

注：该表参考了 IMT-2020（5G）推进组的《5G 承载网络架构和技术方案》，
2020 年 9 月。

我们从下往上，一个一个来看。

首先是光波长传送层。对 5G 来说，光波长传送层的主要作用就是提供单通路高速光接口，以及多波长的光层传输、组网和调度能力。因为光纤在数据传输方面具有巨大优势，所以现在不管是哪家运营商，都会采用光纤和光接口作为网络的物理传输媒介。灰光、彩光不算新型关键技术，此处略过不表。

Tips | NRZ 和 PAM4

在底层，有一个 PAM4（4 Pulse-Amplitude Modulation，四电平脉幅调制）技术需要特别提一下。对光模块来说，如果想要实现速率提升，要么增加通道数量，要么提高单通道的速率。传统的数字信号采用最多的是 NRZ（Non-Return-to-Zero，不归零）信号，即采用高、低两种信号电平来表示要传输的数字逻辑信号的"1""0"信息，每个信号符号周期可以传输 1 bit 的逻辑信息。而 PAM（Pulse-Amplitude Modulation，脉幅调制）信号则可以采用更多的信号电平，从而使每个信号符号周期可以传输更多比特的逻辑信息。

PAM4 信号就是采用 4 个不同的信号电平来进行信号传输，每个符号周期可以表示 2 bit 的逻辑信息（"0""1""2""3"）。在相同通道物理带宽的情况下，PAM4 可以传输相当于 NRZ 信号两倍的信息量，从而实现速率的倍增（如光波长传送层的速率从 25 Gbit/s 增长到 50 Gbit/s），大大降低了成本，具有很强的实用性。

然后是数据链路层。它的作用是提供 L1 通道到光波长传送层的适配。这里要提到大家常见的 FlexE（Flex Ethernet，灵活以太网）技术。简单来说，它就是对多个物理端口进行"捆绑合并"，形成一个虚拟的逻辑通道，以支持更高的业务速率。FlexE 技术在以太网技术的基础上实现了业务速率和物理通道速率的解耦，客户的业务速率不再等于物理接口速率，接口可以灵活地提供不同的速率组合。

例如，客户业务速率是 400 Gbit/s，但设备物理通道端口的速率是 25 Gbit/s、100 Gbit/s 或其他速率。那么，通过端口捆绑和时隙交叉技术，就能轻松实现业务带宽 25 Gbit/s → 50 Gbit/s → 100 Gbit/s → 200 Gbit/s → 400 Gbit/s → x Tbit/s 的逐步演进。采用 FlexE 有助于解决高速物理通道性价比不高的问题（高速率物理接口，目前成本还比较高）。

除了 FlexE，还有一个 FlexO，就是 Flex OTN，灵活光传送网络。FlexO 的逻辑和 FlexE 很像，就是拆分、映射、绑定、解绑定、解映射、复用，以此规避光模块物理限制以及成本过高的问题。

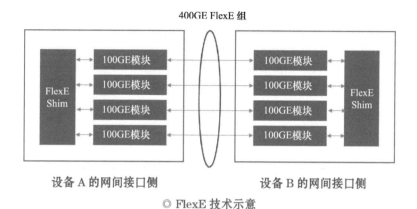

◎ FlexE 技术示意

简而言之，FlexE 是用在 PTN 里处理以太网信号的；FlexO 是用在 OTN 里处理 OTUC*n* 信号的。两者的共同点是通过多端口绑定实现大颗粒度信号的传输。

再上一层是 TDM 通道层。5G 承载网通道层的任务就是服务于网络切片所需的硬管道隔离，提供低时延保证。SPN 在通道层被定义为 SCL（Slicing Channel Layer，切片通道层）。SPN 的整体架构如下图所示。

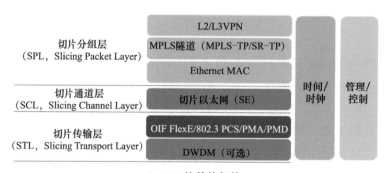

◎ SPN 的整体架构

SCL 为网络业务和切片业务提供端到端的硬隔离通道，可显著降低时延，支持网络拓扑重构和网络切片，满足 5G 业务超低时延、硬隔离切片的需求。

对于 OTN 方案，TDM 通道层采用的是 ODU*k*/ODUflex 技术。ODU（Optical Channel Data Unit，光通道数据单元）属于光通道层网络的一部分。它提供和信号无关的连通性、连接保护和监控等功能。

ODUflex 是灵活带宽调整技术。传统的 ODU*k* 是按照一定标准进行封装的，容易造成资源浪费。ODUflex 可以灵活调整通道带宽，调整范围是 1.25 ~ 100 Gbit/s，从而实现高效承载和更好的兼容性。

再往上是分组转发层，涉及与路由转发相关的功能。对 5G 来说，这一层的主要作用是提供灵活连接调度和统计复用功能。SR（Segment Routing，分段路由）技术是这一层的主角。我们将在下面重点介绍。

最上面是业务适配层，提供的是多业务映射和适配支持。这一层的 CBR（Constant Bit Rate，恒定比特率）、L2VPN（Layer 2 Virtual Private Network，二层虚拟专用网）、L3VPN（Layer 3 Virtual Private Network，三层虚拟专用网）都不是新概念，相关资料较多，此处不再赘述。

• **SRv6**

SRv6 是 SR 技术和 IPv6 技术的结合。首先介绍一下 IPv6 技术。

◎计算机里的"IP"

众所周知，我们现在"喜闻乐见"的互联网，是 20 世纪 80 年代诞生并发展起来的。互联网的基础就是 IP（Internet Protocol，互联网协议）。计算机或手机如果没有安装 IP 协议，没有分配到 IP 地址，就没办法上网，更没办法发微信、看视频、玩游戏。

更形象一些来说，互联网就是一套"快递系统"。IP 地址就是你的通信地址，IP 协议是快递公司的"工作流程和制度"。所有的文字、音频、视频都被打包成一个个"快递包裹"，然后经过快递系统的运输，最终被送到目的地。早期的 IP 协议并不成熟。经历了几个版本（version）的修订之后，演进到了第四版（version 4），总算比较靠谱了，于是开始被广泛部署。这个第四版就是我们一直以来使用的 IPv4。IPv4 地址和 IPv4 协议通常分别被简称为 IP 地址和 IP 协议。

虽然 IP 协议的版本是 v4，但实际上，我们应该将它称为"IP 1.0"。"IP 1.0"奠定了早期互联网的基础。但是，随着互联网的迅速发展，它很快暴露出自身的问题。在"IP 1.0"的网络里，每个路由器都是独立对数据包进行路由决策的。也就是说，快递途经的每个站点都需要拆开快递盒，看看里面的内容，然后再决定送到哪里去。这样一来，整个系统的效率就会非常低下。即便是决定了运送方向，快递员也是采取"勉力而为"的态度，尽量运送。如果这条线路包裹太多，他拿不了，就直接扔掉。这样的机制毫无灵活性和可靠性，运送能力也很差。

到了 20 世纪，基于对"IP 1.0"的改进，专家们提出了 MPLS（Multi-Protocol Label Switching，多协议标签交换）。MPLS 的关键在于标签（Label）。在传统的路由网络里，每个经手的快递站点都需要打开快递盒，看看里面的内容，再决定送往哪里。在 MPLS 网络中，数据被封装在快递盒里，快递盒上面贴了标签。每个经手的快递站点只需要读标签就知道应该将快递盒送到哪里。

MPLS 出现之后，迅速风靡了整个业界，成为 IP 网络的主流技术。尤其是面向政企用户，MPLS 提供稳定可靠的服务，帮助运营商获得了不菲的利润。以 MPLS 为代表的时代，我们可以称之为"IP 2.0"时代。这个时代一直持续到现在。

终于轮到 IPv6 和 SRv6 闪亮登场了。SRv6 就是 SR+IPv6。先来介绍一下 IPv6。

IPv6 的地址更长，地址数量更多，IPv4 和 IPv6 的地址数量比较见下图。例如，2001:0db8:85a3:08d3:1319:8a2e:0370:7344 就是一个 IPv6 的地址范例。

IPv4的地址数量：2^{32}

IPv6的地址数量：2^{128}

◎ IPv4 和 IPv6 两种协议的地址数量

如果只站在普通用户上网的角度来看，采用"公网 + 私网"的方式，网络地址数量完全可以再撑个几年，甚至十几年。这里提到的私网可以类比为"门卫"技术。一栋楼住着很多住户，因为邮箱数量不够，每次快递到了都只能放在门卫那里。门卫认识每个住户，会进行二次派送。这是私网地址的用法，采用的是 NAT（Network Address Translation，网络地址转换）技术，原理如下图所示。

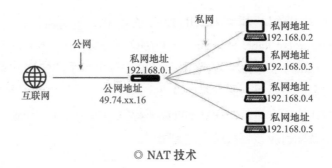

◎ NAT 技术

绝大多数的上网设备不需要公网地址。因为大多数网民是访问者，是需要找数据的人。真正需要公网地址的是产生和存放数据的设备，是被访问者。

现在与日俱增的物联网设备就属于被访问者。例如网络摄像头、共享单车、智能水表、智能电表等，它们产生数据，并且接受云端的控制。

物联网设备采用公网 IP 地址，可以更容易地实现端到端的"直达"，便于数据上传和指令下发。

说回刚才门卫的例子。如果你非常期待这件快递，你会希望快递员直接送到你的手上，而不是送到门卫或丰巢快递柜那儿，不是吗？"门卫技术"有一定的好处，例如安全、节约地址资源，但是，它带来了更大的时延、对设备更高的要求，以及不必要的能耗和建设成本。IPv6 提供了更多的网络地址（邮箱），取消了门卫，让每个人都实现了"快递收发自由"，大大简化了网络架构。

虽然 IPv6 大幅增加了 IP 地址数量，但这并不是运营商耗费巨资进行全网升级的唯一原因和动力。实际上，IPv6 地址数量多并不是它唯一的优点。它最大的改进是数据报文格式的扩容和升级。IPv6 的最大优势不是增加了邮箱的数量，而是改变了快递盒。IPv6 的数据报文格式比 IPv4 更加"豪华"。

在继续介绍 IPv6 之前，我们先说说 SR。SR 的全名叫 Segment Routing。它的诞生时间比 IPv6 更早。众所周知，整个 IP 网络是分段的。对 SR 网络来说，连接任意两个 SR 节点的一段网络，就是段（Segment）。Segment 由一个 Segment ID (SID) 标识。

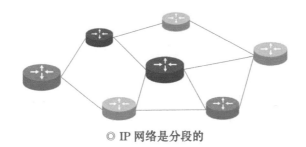

◎ IP 网络是分段的

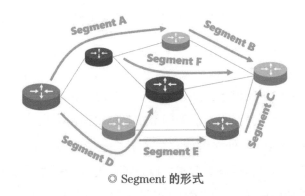

◎ Segment 的形式

SR 的核心原理就是提前规划和下发路径。当一个数据包进入网络的时候，网络会把它要经过的所有链路和节点信息全部打包在这个数据包里。这就好比准备了 N 张排好顺序的 "路条"，每过一地就撕掉一张。撕完了，数据包就被送到终点了（而 MPLS 是把所有的路径信息下发给每个节点，数据包到了节点之后再去问路）。

SR 技术可以直接运用在 MPLS 架构上。IPv6 出现后，SR 和 IPv6 结合在一起，就有了 SRv6。SRv6 的基本原理和 SR 是一样的。IPv6 独特的报文结构可以与 SR 完美搭配。

SRv6 还可以和现在很流行的 SDN 技术相结合。SDN 能够将整个网络统一控制起来，集中管理。SRv6 的协议精简高效，而且具备可编程能力。二者相结合，如果把数据网络比作计算机硬件，SDN 就是程序，SRv6 就是指令。SDN 借助 SRv6，可以驱动数据网络，按需求进行运作。

IPv6 的快递盒上可以贴很多标签，让快递员和快递站很方便地知道里面是什么类型的物品，这样就非常容易实现对它的 "区别对待"。

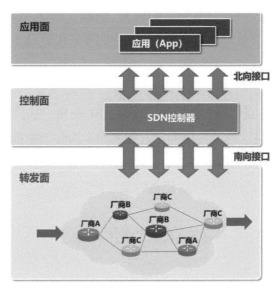

◎ SDN 示意

举个例子，如果贴着"小心轻放"，说明是贵重物品，不能损坏；如果贴着"加急"，则说明是紧急快递，必须尽快送达。对网络来说，时延、带宽、优先级等都是标签，都可以通过标签进行标识。这让业务更加灵活。

尽管 SRv6 看上去非常美好，但它存在一个致命的缺陷，那就是存在严重的资源浪费。按数据通信网络的传统说法，就是开销太大。数据报文格式变得那么庞大，报文头变得那么复杂，用户真正的数据占整个数据包的比重不就更小了吗？

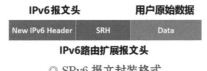

◎ SRv6 报文封装格式

作为数据网络的所有者，电信运营商对网络效率非常敏感。它们投资扩大网络容量是为了发送更多的真实"货物",而非"快递箱"和"标签"。而且,报文过长,对硬件处理芯片的要求也更高,增加了建设成本和难度。

于是,大家就把注意力放在针对原生 SRv6 的"头压缩"上。好几家公司提出了自己的"头压缩"方案(如中国移动主推的 G-SRv6),希望将报文头尽可能压缩到最小,以提升真实数据的占比。这有点像视频、音频和图片的压缩格式,比拼的就是各自的算法。

最后再介绍一下 IPv6 和 SRv6 的商用化进展。

以 IPv6、SRv6 为代表的新 IP 网络被称为"IP 3.0"。我国是世界上推动 IPv6 最积极的国家。原因不仅是我国人口众多,还有我国非常重视 5G 和万物互联。我国主推的工业互联网、车联网,以及智慧城市、智慧教育、智慧医疗、智慧矿山等,全部都需要使用 IPv6。传统的 IPv4 依赖于 ICANN(Internet Corporation for Assigned Names and Numbers,互联网名称与数字地址分配机构)的地址分配,总归是受制于人。所以,推广 IPv6 也是为了摆脱这种局面。而且,我国是网络大国,我们的骨干网规模在全球排名前列。越先进的网络技术,越能提升我们的网络效率,降低网络运行的能耗。所以我国积极推动 IPv6 标准的制定,在这方面,国内标准和国际标准同步甚至有所领先。

• **高精度时间同步**

承载网之所以需要超高精度的时间同步,原因是多方面的。5G 的载波聚合、多点协同和超短帧要求空口之间的时间同步精度偏差小于 260 ns。5G 的基本业务采用时分双工制式,要求任意两个空口之间的时间同步精度偏差小于 1.5 µs。5G 的室内定位增值服务对时间同步的精度要求更高,要求一定区域内基站空口之间的时间同步精度偏差小于

10 ns。5G 同步网采用的关键技术包括高精度同步源头技术、高精度同步传输技术、高精度同步局内分配技术和高精度同步检测技术。

 尾 声

5G 承载网是整个网络的根基，重要性不言而喻。它涉及的技术细节也比较多，理解起来会比较吃力。本章我们仅做了大致的介绍。大家如果有兴趣，可以查阅具体的技术文献。

第 8 章
5G 核心网

引 言

　　介绍完了接入网和承载网,这一章我们来说说网络架构的最后一部分,也是最重要的一部分——核心网。核心网是整个通信网络中最核心、最重要的部分,也是技术性最强的部分。

什么是核心网 ————————————————————

核心网的英文是 Core Network，缩写为 CN。关于核心网的定义，说实话，迄今为止，小枣君还没有见到任何一个能让人非常满意的回答。这并不是故弄玄虚，而是这个概念真的很难定义——如果从广义的角度来解释，很难划定边界；如果从狭义的角度来解释，又没有任何一个实体准确地与之对应。核心网实际上是一个集合，是很多"具有特定功能的设备"的统称。通信网络中，接入网是"窗口"，负责把数据收上来；承载网是"卡车"，负责把数据送来送去；核心网就是"管理中枢"，负责管理这些数据，对数据进行分拣，然后告诉它该去何方。而对数据的处理和分发，其实就是"路由交换"，这是核心网的本质。

核心网之所以复杂，其实是人为造成的。再具体一点说，就是因为市场的需要。用户产生欲望，市场制造欲望，欲望越多，需求越多；需求越多，业务越多；业务越多，设备越多，接口越多，网络越复杂。

◎复杂的网络源自用户的欲望与市场的需求

最早的时候，说白了，固定电话网的核心网就是把电线两头的电话连接起来，这种交换非常简单。

后来，用户数量越来越多，网络范围越来越大，于是网络开始有了分层。网络架构也更加复杂，出现了网元。网元就是 Net Element，缩写为 NE，是具有某种功能的网络单元实体。

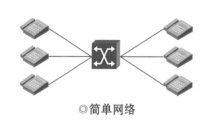

◎简单网络

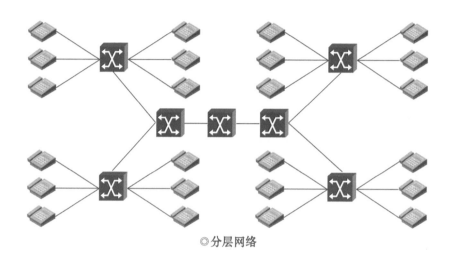

◎分层网络

这一时期，我们要识别和管理用户了——不是任何一个用户都被允许使用这个通信网络的，只有被授权的合法用户才能使用。于是，多了一堆和用户有关的设备（网元）。简而言之，它们的核心任务只有 3 个：认证、授权和记账。认证，就是看你是不是合法用户，有没有密钥。授权，就是看你有权限做什么事，哪些服务可以用，哪些不能用。记账，就是看你做了哪些事，然后记录下来，收你的钱。

Authentication 认证
Authorization 授权
Accounting 记账

◎网元的三大核心任务

再后来，有了无线通信，连接用户的方式变了，从电话线变成无线电波，于是无线接入网诞生了。接入网变了，核心网也要跟着变，于是有了无线核心网。接着，又有了 2G、3G、4G。

◎ 2G 时代的核心网设备

2G 时代的核心网设备是左图这样的。宽宽大大的机柜，有好几层机框，每层机框插了很多的单板。单板很薄、很轻，面板是塑料的，很容易坏。

我们来看看当时的网络架构。从下图可以看出来，组网非常简单，MSC（Mobile Switching Center，移动交换中心）就是 2G 核心网的最主要设备。HLR（Home Location Register，归属位置寄存器）、EIR（Equipment Identity Register，设备标识寄存器）用于鉴权用户身份。

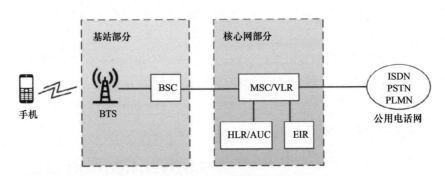

注：BSC 即 Base Station Controller，基站控制器；
BTS 即 Base Transceiver Station，基站收发台；
ISDN 即 Integrated Services Digital Network，综合业务数字网；
PSTN 即 Public Switched Telephone Network，公用电话交换网；
PLMN 即 Public Land Mobile Network，公共陆地移动网。
◎ 2G 时代的网络架构

请注意，这个网络架构图中之所以写的是"MSC/VLR"，是因为 VLR（Visitor Location Register，漫游位置寄存器，也称访问位置寄存器）是一个功能实体，但 VLR 和 MSC 是同一个硬件设备，相当于一个设备"扮演"了两个角色，所以画在一起。HLR/AUC（Authentication Center，鉴权中心）也是如此，HLR 和 AUC 是一个硬件设备，它具备两种功能。

后来，到了 2.5G 时期。你没看错，2G 和 3G 之间，还有一个 2.5G——就是 GPRS（General Packet Radio Service，通用分组无线业务）。之前 2G 只能用来打电话发短信，在这个基础上，GPRS 开始提供数据（上网）业务。于是，核心网发生了大变化，出现了 PS（Packet Switch，分组交换，也称包交换）核心网。

◎通用分组无线业务

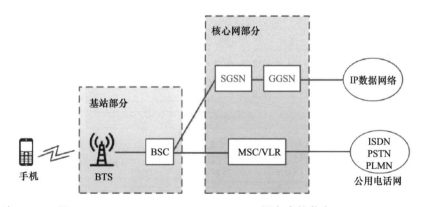

注：SGSN 即 Serving GPRS Support Node，GPRS 服务支持节点；
GGSN 即 Gateway GPRS Support Node，GPRS 网关支持节点。
SGSN 和 GGSN 都用于实现 GPRS 数据业务。

◎ PS 核心网（红色部分）

很快，基站部分也跟着发生了变化，2.5G 升级到了 3G，网络结构变成了下图这样。3G 基站由 RNC（Radio Network Controller，无线网络控制器）和 NodeB 组成。

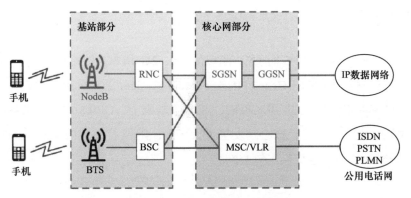

◎ 3G 基站示意（图中省略了 HLR 等网元）

到了 3G 时期，设备商的硬件平台进行了彻底的变革升级。以中兴的设备为例，从 2G 时期的 V1 平台演变成了 3G 时期的 V3 平台。

◎（左图）中兴 V3 硬件平台机架；（右图）机架内部
（3G 时期的单板比 2G 时期的单板重，而且面板都是金属的）

◎机框后侧（主要有网线、时钟线、信号线接口）

可不要小看了硬件平台。稳定可靠且处理能力强大的硬件平台是产品的基石。实际上，设备商很多不同业务的设备都是基于同一个硬件平台进行开发的。不可能对每个设备都单独开发硬件平台，否则既浪费时间和精力，又不利于生产和维护。

3G 除了硬件变化和网元变化之外，还有两个很重要的思路变化。第一个思路变化是 IP 化。3G 之前采用的是 TDM 电路，使用 E1 线缆和中继电路。而 IP 化的 "IP" 指的是 TCP/IP，使用以太网。这一思路的转变表现在开始大量使用网线、光纤，设备的外部接口和内部通信都开始围绕 IP 地址和端口号进行改造。

◎ 中兴 V3 硬件平台上的光纤

第二个思路变化是分离。具体来说，就是网元设备的功能开始细化，不再是一个设备集成多个功能，而是拆分开，各司其职。

拆分的第一步叫作承载和控制分离。在通信系统里面，简单来说存在两个面——用户面和控制面。如果不能理解这两个面，就无法理解通信系统。用户面是用户的实际业务数据，诸如语音数据和视频流数据。而控制面是用于管理数据走向的信令、命令。在通信设备内部，这两个面就相当于两个不同的系统。

◎ 通信系统中的用户面和控制面

2.5G 时期，用户面和控制面没有明显分开。3G 时代，首先对两个面进行了分离。接着，SGSN 演进成 MME（Mobility Management Entity，移动管理实体），GGSN 演进成 SGW/PGW（分别为 Serving Gateway，服务网关；Public Data Network Gateway，公共数据网网关），这样 3G 核心网就演进成了 4G 核心网。需要注意的是，基站里没有 RNC 了，为了实现扁平化，RNC 的一部分功能分给了核心网，另一部分分给了 eNodeB。

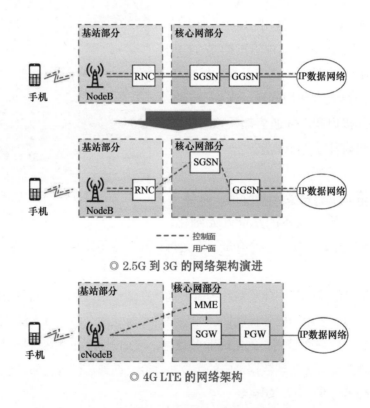

◎ 2.5G 到 3G 的网络架构演进

◎ 4G LTE 的网络架构

在演进到 4G 核心网之前，硬件平台也提前进行了升级。ATCA/ETCA（分别为 Advanced Telecom Computing Architecture，先进电信计算架构；Enhanced ATCA，增强型 ATCA）的出现代替了 V3 平台，成为部分网元（包括 MME）的硬件平台。例如，中兴推出了 xGW T8000 平台，用于搭载 PGW 和 SGW 等网元（PGW 和 SGW 通常在物理上是一体的）。

◎（左图）中兴的 ATCA 机框；（右图）中兴 xGW T8000 硬件平台
[来源：中兴官网]

在 3G 向 4G 升级的过程中，IMS（IP Multimedia Subsystem，IP 多媒体子系统）出现了，它取代传统电路域核心网（也就是 MSC），提供了更强大的多媒体服务（语音、图片短信、视频电话等）。IMS 使用的也主要是 ATCA 平台。

前面所说的 V3 平台实际上有点像一台计算机，有处理器（MP 单板）和网卡（以太网接口卡、光纤接口卡）。而 V4 的 ATCA 平台变得更像计算机了，直接被称为"先进电信计算平台"，也就是"电信服务器"。确切地说，ATCA 里面的业务处理单板本身就是一台单板造型的"小型化计算机"，有处理器、内存、硬盘，俗称为"刀片"。

◎ ATCA 业务处理板——"刀片"

既然原来的专用硬件越做越像 IT 机房里的 x86 通用服务器，那么，不如干脆直接用 x86 服务器吧。于是乎，虚拟化时代就到来了。关于虚拟化，前面已有介绍，请参见第 3 章 "5G 网络架构的革新" 一节的内容。

请注意，虚拟化平台不等于 5G 核心网。也就是说，并不是只有 5G 才能用虚拟化平台，也不是用了虚拟化平台就是 5G。按照惯例，设备商先在虚拟化平台部署 4G 核心网，就是在为 5G 做准备，提前实验。硬件平台的迭代，永远都会走在前面。

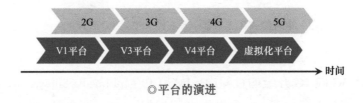

◎ 平台的演进

上面介绍了 5G 核心网的硬件平台，接下来仔细说说 5G 核心网的架构。到了 5G 时代，网络的逻辑结构彻底改变了。

5G 核心网采用的是基于服务的架构。这种架构是基于云原生构架设计的，借鉴了 IT 领域的 "微服务" 理念，把原来具有多个功能的整体分拆为多个具有独立功能的个体，每个个体实现自己的微服务。这样的变化会有一个明显的外部表现，就是网元数量大量增加。这些网元看上去很多，实际上，硬件都是在虚拟化平台里虚拟出来的。这样一来，网络非常容易扩容、缩容，也非常容易升级、割接，业务相互之间不会造成太大影响（这真是核心网工程师的福音！）。

5G 网络功能说明

5G 网络功能	中文名称	可类比的 4G EPC 网元 / 功能
AMF	接入和移动性管理	MME 中 NAS 接入控制功能
SMF	会话管理功能	MME、SGW-C、PGW-C 的会话管理功能

续表

5G 网络功能	中文名称	可类比的 4G EPC 网元 / 功能
UPF	用户平面功能	SGW-U+PGW-U 用户平面功能
UDM	统一数据管理	HSS（Home Subscriber Server，归属用户服务器）、SPR（Subscription Profile Repository，用户签约数据库）等
PCF	策略控制功能	PCRF（Policy and Charging Rules Function，策略与计费规则功能单元）
AUSF	鉴权服务器功能	HSS 中的鉴权功能
NEF	网络开放功能	SCEF（Service Capability Exposure Function，业务能力开放功能单元）
NSSF	网络切片选择功能	5G 新增，用于网络切片选择
NRF	网络存储功能	5G 新增，类似增强 DNS（Domain Name Service，域名服务）功能

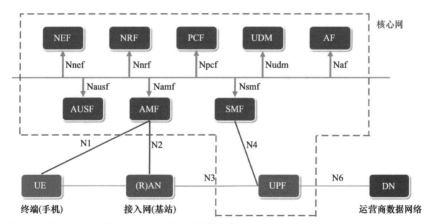

注：5G 核心网内，除了 UPF 之外，都是控制面。

◎ 5G 核心网（虚线框内）

简而言之，5G 核心网就是进行了模块化、软件化。5G 核心网之所以要模块化，还有一个主要原因是为了进行"切片"。

以上就是从 2G 到 5G 核心网整个的演进过程和思路。简单概括，就是拆分、拆分、再拆分，软件、软件、更软件（化）。将来，核心网的硬件和 IT 行业的硬件会变得一样。而核心网的软件就会变得和手机里的 App 一样。

 ## 什么是云计算、虚拟化和容器

前面介绍了核心网的云化，这一节给大家介绍一下和云化相关的云计算、虚拟化、容器等概念。

- **什么是云计算？**

计算机被发明出来的时候，还没有网络，每个计算机就是一个单机。它的硬件包括 CPU、内存、硬盘等。用户在单机上安装操作系统和应用软件，完成自己的工作。

接着有了网络（Network），单机与单机之间可以交换信息、协同工作。

◎单机与单机之间协同工作

后来，单机性能越来越强，就有了服务器（Server）。人们发现，可以把一些服务器集中起来，放在机房里，然后让用户通过网络去访问和使用机房里的计算机资源。

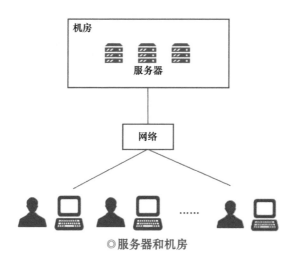

◎服务器和机房

再后来，小型网络变成了大型网络，就有了互联网（Internet）。小型机房变成了大型机房，就有了 IDC（Internet Data Center，互联网数据中心）。当越来越多的计算机资源和应用服务（例如浏览网页、在线看电影）被集中起来时，就变成了云计算（Cloud Computing）。无数的大型机房就成了"云端"。

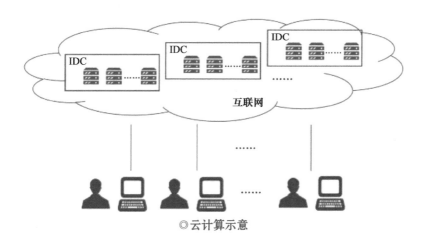

◎云计算示意

是不是觉得太简单了？别急，接下来开始深入介绍。

云计算的道理是很简单的，说白了，就是把计算机资源集中起来，放在网络上。但是，云计算的实现方式非常复杂。举个例子，如果你只是在公司小机房摆了一个服务器，开个 FTP 下载服务，然后用于几个同事之间的视频分享，当然是很简单的。但如果是"双 11"购物节，全球几十亿用户访问淘宝网站，单日几十 PB（1 PB=1024 TB=1024×1024 GB）的访问量，每秒几百 GB 的流量……这个，就不是几根网线、几台服务器能实现的了。这时，需要设计一个超大容量、超高并发（同时访问）、超快速度、超强安全的云计算系统，才能满足业务平稳运行的要求。这才是云计算的复杂之处。

放在云端的计算机资源实际上分为好几个层次，介绍如下。

◎ 第一个层次的资源是最底层的硬件资源，主要包括 CPU（计算资源）、硬盘（存储资源）和网卡（网络资源）等。

◎ 第二个层次的资源要高级一些，例如用户不打算直接使用 CPU、硬盘、网卡，而是希望资源提供者能把操作系统（例如 Windows、Linux）装好，把数据库软件装好，再让用户使用。

◎ 第三个层次的资源更高级一些，资源提供者不但要装好基本的操作系统，还要把具体的应用软件装好，例如 FTP 服务端软件、在线视频服务端软件等，这样用户就可以直接使用服务了。

这 3 个层次的资源就是大家常听说的 IaaS（Infrastructure as a Service，基础设施即服务）、PaaS（Platform as a Service，平台即服务）、SaaS（Software as a Service，软件即服务）。

◎ IaaS、PaaS 和 SaaS 的区别（1）

下面这张图可能看起来更直观。

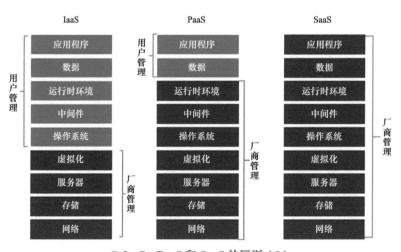

◎ IaaS、PaaS 和 SaaS 的区别（2）

目前主流的云计算服务提供商，如亚马逊 AWS、阿里云、华为云、天翼云、腾讯云，都提供了以上 3 个层次的云资源。你想要什么，它们

就提供什么；你想要多少，它们就提供多少。

那么，这么多样化、多层次的云计算服务，阿里、华为这些公司又是怎么提供的呢？难道说是人工安排？如果你要八核 CPU、16 GB 内存、500 GB 硬盘的服务器，阿里临时安排工程师帮你组装？如果你要装 CentOS 7.2（一种类 Linux 操作系统）、MySQL 5.5.60（一种数据库系统），阿里也临时安排工程师帮你安装配置？

这显然是不可能的，耗不起人力，也等不起时间。于是，就有了各种虚拟化软件和平台，可以用来对资源进行快速调用和集中管理。

• 什么是虚拟化？

如果要对物理资源进行管理，第一步，就是"虚拟化"。

虚拟化是云计算的基础。简单来说，虚拟化就是在一台物理服务器上运行多台"虚拟服务器"。这种虚拟服务器，也叫 VM。从表面看，这些虚拟机都是独立的服务器，但实际上，它们共享物理服务器的 CPU、内存、硬件、网卡等资源。物理机通常被称为"宿主机（Host）"。虚拟机则被称为"客户机（Guest）"。

那么，谁来完成对物理资源虚拟化的工作呢？是大名鼎鼎的 Hypervisor。Hypervisor，直译是"超级监督者"，也叫作 VMM（Virtual Machine Monitor，虚拟机监视器）。它不是一款具体的软件，而是一类软件的统称。Hypervisor 分为两大类。第一类 Hypervisor 直接运行在物理机之上，虚拟机运行在 Hypervisor 之上。第二类则是在物理机上安装正常的操作系统（例如 Linux 或 Windows），然后在正常的操作系统上安装 Hypervisor，生成和管理虚拟机。

◎物理服务器和虚拟服务器

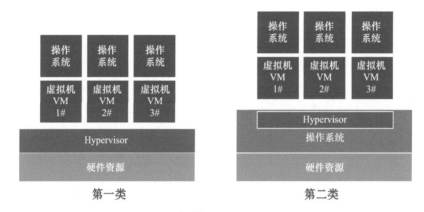

◎两类 Hypervisor

像 VMware、KVM、Xen、Virtual Box，都属于 Hypervisor。这里面真正厉害的是 KVM（Kernel-based Virtual Machine，基于 Linux 内核的虚拟机）。它是目前最热门、最受追捧的虚拟化方案。KVM 这样的 Hypervisor 实际上提供了一种虚拟化能力，模拟 CPU 的运行，是更底层的一种软件。但是它的用户交互性并不好，不方便使用。于是，为了更好地管理虚拟机，就需要 OpenStack 这样的云管理平台。

OpenStack 则有点像商店，负责管理商品（计算资源、存储资源、网络资源等），卖给用户，但它本身并不制造商品（不具备虚拟化能力），它的商品来自 KVM。当然，如果不用 KVM，也可以用 Xen 等其他 Hypervisor。

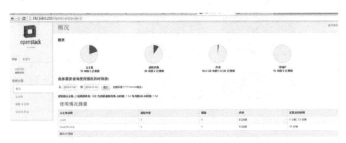

◎ OpenStack 的管理界面，比命令行好多了吧？

请记住，上面所说的几个概念，包括 VM、KVM、OpenStack 等，都属于 IaaS。

• **什么是容器？**

那么，容器是什么呢？专家们经常说的 Docker 和 K8S 又是什么呢？

前面介绍了虚拟化，人们在使用虚拟化一段时间后，发现它存在一些问题：不同的用户，有时候只是希望运行各自的一些简单程序或进程。为了不相互影响，就要建立虚拟机，但建立虚拟机显然有点浪费，操作比较复杂，花费时间也会比较长。而且，有的时候想要迁移自己的服务程序，就要迁移整个虚拟机，迁移过程也会很复杂。有没有办法更灵活快速一些呢？

有，这就引入了容器（Container）。

容器也是一种虚拟化方式，但是属于"轻量级"的虚拟化。它的目的和虚拟机一样，都是创造"隔离环境"。但是，它和虚拟机又有很大的不同——虚拟机是操作系统级别的资源隔离，而容器本质上是进程级别的资源隔离。

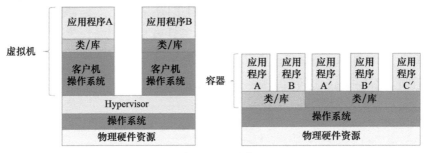

◎ 虚拟机 vs 容器

大家常说的 Docker，是创建容器的工具，即应用容器引擎。Docker 的中文是"码头工人"的意思，它的 Logo 是一只鲸驮着很多货柜箱。

◎ Docker 的 Logo

相比于传统的虚拟机，Docker 的优势很明显，它启动时间很快，可以秒级启动，而且对资源的利用率很高（一台主机可以同时运行几千个 Docker）。此外，它占用的空间很小，虚拟机一般要占用几 GB 到几十 GB 的空间，而容器只需要 MB 级甚至 KB 级的空间。

虚拟机 vs 容器

比较项	虚拟机的参数	容器的参数
隔离级别	操作系统级别	进程级别
隔离策略	Hypervisor	CGroups
占用系统资源	5%~15%	0~5%
启动时间	分钟级	秒级
镜像存储	GB~TB	KB~MB
集群规模	上百	上万
高可用策略	备份、容灾、迁移	弹性、负载、动态

除了用 Docker 创建容器之外，我们还需
要一个工具来对容器进行编排。这个工具就是
K8S。K8S 即 Kubernetes，中文意思是舵手或导
航员。Kubernetes 这个单词很长，所以通常把中
间 8 个字母缩写成 "8"，就成了 "K8S"。

◎ Kubernetes 的 Logo

K8S 是一个容器集群管理系统，主要职责是容器编排（Container
Orchestration）——启动容器，自动化部署、扩展和管理容器应用，回
收容器。简单来说，K8S 有点像容器的保姆。它负责管理容器在哪个机
器上运行、监控容器是否存在问题、控制容器和外界的通信，等等。下
图显示了 K8S 和容器之间的关系。

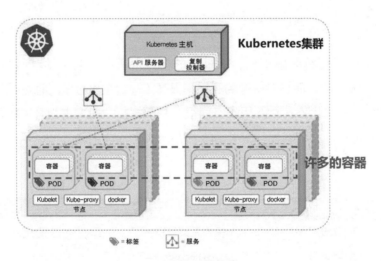

◎ K8S 的系统结构

除了 K8S 之外，还有很多种容器管理平台，例如 Compose、
Marathon、Swarm、Mesos 等。Docker 和 K8S 关注的不再是基础设施和
物理资源，而是应用层，所以属于 PaaS。

以上就是云计算、虚拟化和容器的相关知识，大家都看明白了吗？

▷┤尾　声├

核心网作为整个网络的核心，已经走向全面云化的道路。未来，核心网将基于云化的软硬件平台来实现通信的功能。它们会变成一个个的App，发挥通信网元的作用。

CT 和 IT 的全面融合，从核心网开始！

第 9 章
5G 手机和芯片

引 言

对消费者来说，想要使用 5G 网络，离不开 5G 手机。5G 手机和我们现在所使用的 4G 手机相比，究竟有什么不同？现在市场上关于 5G 芯片的争论很多，究竟哪种芯片是最强的 5G 芯片？除了手机之外，5G 时代经常提到的 CPE 又是什么东西？

通过本章的内容，我们来探寻这些问题的答案。

 ## 5G 手机和 4G 手机的区别 ——————————————

时至今日，随着 5G 的快速普及，大量的 5G 手机上市成为用户的首选。我们知道，传统的 4G 手机或者 "4G+" 手机都无法满足 5G 网络的要求，必须使用 5G 手机才能接入 5G 网络。

那么，问题来了，5G 手机和 4G 手机到底有什么区别呢？

- **通信模块的改进**

手机的硬件由很多模块组成，例如显示屏 / 触屏模块（液晶屏幕）、相机模块（主 / 副摄像头）、音频模块（扬声器 / 麦克风 / 音频插孔）等。软件上分为底层驱动、操作系统、应用软件（如大家熟知的安卓系统和苹果系统，还有在此之上的各种 App）等。

对 5G 手机来说，大部分模块和 4G 手机没有什么不同。它们之间最主要的区别在于通信模块。也就是说，硬件上，像摄像头、液晶屏、指纹识别这样的非通信部件，是没有 4G、5G 之分的。4G 手机能用的，5G 手机也能用。而软件上，两类手机的操作系统和应用软件也是完全一样的。

通信模块是手机作为 "通信工具" 的核心部件。首先，我们先来粗略了解一下手机的通信原理。

从通信目的来看，智能手机通常由两大部分电路组成：一部分是负责高层处理的 AP（Application Processor，应用芯片），相当于计算机；

另一部分就是 BP（Baseband Processor，基带 [8] 芯片）。

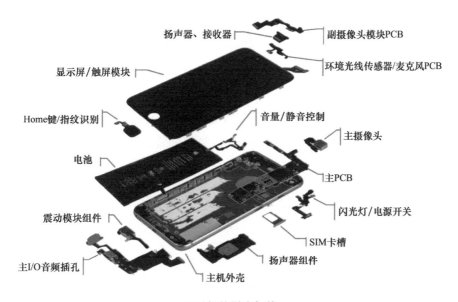

◎手机的组成部件

扬声器、接收器　副摄像头模块PCB

显示屏/触屏模块　环境光线传感器/麦克风PCB

Home键/指纹识别　音量/静音控制

电池　主摄像头

主PCB

震动模块组件　闪光灯/电源开关

SIM卡槽

主I/O音频插孔　扬声器组件

主机外壳

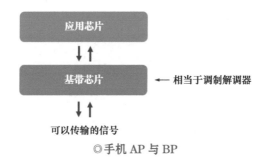

应用芯片

基带芯片　←　相当于调制解调器

可以传输的信号

◎手机 AP 与 BP

基带芯片相当于手机的网络"管家"，手机支持什么样的网络制式（GSM、CDMA、WCDMA、LTE 等）都是由它来决定的。我们用手机打电话、上网、发短信等，都是通过上层处理系统下发指令给基带部

---

[8] 基带（Baseband）有多重含义，基带信号、基带电路、基带芯片，都可简称为基带。简单地理解，基带电路基本等于基带芯片，它处理的最基础的信号就是基带信号。通常人们所说的基带是指基带芯片。

分，并由基带部分处理执行的。基带部分完成处理后，会在手机和无线网络间建立一条通道，我们的语音、短信或上网数据包都是通过这个通道传送出去的。再解释得简单一点，基带芯片就相当于一个语言翻译器，它会把我们要发送的信息（如语音和视频），根据制定好的规则（如WCDMA、cdma2000）转换一下格式，然后发送出去。

通常情况下，基带芯片并不仅仅是基带部分，它还包括射频部分。基带部分负责信号处理和协议处理，射频部分负责信号的收发。厂商通常直接把射频芯片和基带芯片放在一起，物理上合一，统称其为基带芯片。基带芯片经常被整合到手机主处理芯片上，成为其中的一部分。

◎基带芯片

◎高度集成化的手机芯片

所以，我们现在所使用的手机，里面的芯片都是高度集成化的，它们通常被称为 SoC（System on a Chip，单片系统）芯片。例如，高通的骁龙芯片、华为海思的麒麟芯片，以及联发科技的天玑芯片等，都属于SoC 芯片。

除了基带芯片、射频芯片之外，通信模块还包括一个小玩意，那就是天线。手机必须要有天线。但是细心的各位一定发现了，我们现在用的手机，早已没有了以前的那个"小辫子"了。这是为什么呢？

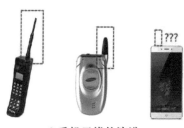

◎手机天线的演进

随着 1G、2G、3G、4G 的演进，我们手机的通信频率逐渐在往高频段发展。手机通信频段越高，波长越短，天线也就越短（频率 × 波长 = 光速，天线长度为波长的 1/4 时，天线的发射和接收转换效率最高）。天线变短之后，逐渐从以前流行的外置天线变成了现在常见的内置天线。现在的天线都藏在了手机里，而且数量很多。

除了移动通信功能（用于访问运营商网络），手机还有 Wi-Fi、蓝牙、GPS 以及 NFC（Near Field Communication，近场通信）等功能，这些功能都需要不同的天线。现在逐渐流行的无线充电，用的充电线圈也是一种天线。

这些天线早已不是我们通常所知道的那副模样，现在都变成了一个个的小金属片。不同用途的天线有不同的长度。

不同用途所需的工作频段及天线长度

用途	大概的频率	波长	天线长度 （约为波长的 1/4）
2G	0.8~1 GHz、 1.8 GHz	20~30 cm	5~7.5 cm
3G	1.8~2.2 GHz	13~16 cm	3~5 cm
4G	1.8~2.7 GHz	11~16 cm	2.5~4 cm
5G	低频 3~5 GHz	6~10 cm	1.5~2.5 cm
	高频 20~30 GHz	10 mm	2.5 mm
Wi-Fi	2.4 GHz	12.5 cm	3 cm
	5 GHz	6 cm	1.5 cm
蓝牙	2.4 GHz	12.5 cm	3 cm
GPS/ 北斗	1.2~1.6 GHz	18~25 cm	4.5~6 cm
NFC	2.4 GHz	12.5 cm	3 cm
	13.56 MHz	22 m	近场传输 线圈电场耦合
无线充电	13.56 MHz	22 m	
	22 kHz	/	

　　内置天线一般分为 3 种工艺。第一种是 FPC（Flexible Printed Circuit，柔性印制电路）。简单来说，就是在塑料膜中间夹着铜薄膜，做成天线。以 iPhone 为例，从第一代开始的 iPhone 采用的就是 FPC 天线设计。第二种是 LDS（Laser-Direct-Structuring，激光直接成型）技术。这种也不复杂，就是在塑料支架上用激光刻出形状后，再电镀上金属，形成天线。如三星的 Galaxy S9 手机采用的就是 LDS 方案。第三种是大家"喜闻乐见"的金属中框方案，也就是直接把手机金属中框的一部分，当作天线来用。

◎ FPC 天线（注意，有的手机内部走线也是 FPC）

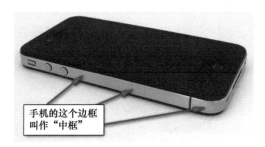

手机的这个边框
叫作"中框"

◎ 金属中框方案

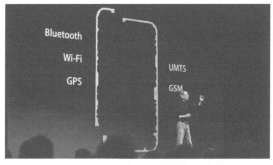

◎ iPhone 4 中采用了金属中框方案

那 5G 对手机天线会有什么影响呢？5G 的频段分为 Sub-6 GHz 频段和毫米波频段。我国大部分 5G 手机目前并不支持毫米波频段，而是使用和 4G 频段比较接近的 Sub-6 GHz 频段。前面介绍 5G 关键技术的时候说过，为了进一步增加空口速率，引进了 Massive MIMO 天线阵列技

术，这样 5G 手机里面的天线数量会有所增加。

显然，要在元器件本来就很多的手机里面塞进这么多天线，对手机设计工程师来说是一项艰巨的挑战。此外，为降低信号衰减，还需要缩短天线和芯片之间的线路长度。最好的解决方案是天线和芯片紧靠在一起，每个天线配一个小芯片，甚至未来天线可能会集成到芯片内部。

总而言之，在 5G 手机里到底怎么摆这个"天线阵"，就要看各大厂商的想象力了。有的厂商会选择缝隙天线布局方案。所谓"缝隙天线"，简单来说，就是在手机的金属外壳上开一条缝隙，以此来发射和接收电磁波信号。这种方案相比之前的方案，空间没有增加，但是排进了 10 余个天线，还可以随着场景的变化自动调节天线的结构。

现在大家对手机的辐射都非常敏感，担心电磁辐射会对身体造成影响。这里要提到一个概念——SAR。什么是 SAR？SAR 是 Specific Absorption Rate，即（电磁波）比吸收率。它是一个数值，这个值主要用于衡量电子产品对人体的影响。一般来说，距离人体 20 cm 范围的电子产品都需要进行 SAR 测试。各国对 SAR 的值也有明确的要求。例如美国联邦通信委员会要求电子产品 SAR 的值必须在 1.6 以下。

5G 时代的手机当然也要控制自身电磁辐射对用户的影响，为此，将会普遍采取智能 SAR 解决方案。采用这种方案，手机将会对天线的收发功率进行灵活控制，以降低电磁辐射。

- **其他方面的改进**

除了通信模块之外，为了配合 5G 的高速率，5G 手机的其他方面也需要进行一些设计上的改进。

第一，空间布局方面。虽然天线并没有增加空间，但 5G 模块本身不可避免还是要变大。如何在不扩大机身的前提下，把变大的 5G 模块安置在狭小的手机空间内，也是一件令人头疼的事儿。这就有点像搭积木，你要努力想办法利用每一处空间，该怎么做呢？

一方面，当然还是要让器件小型化，尽量使用最小封装器件。另一方面，就是尽可能立体化。单层变多层，就像三明治一样，形成叠层。

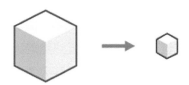

◎ 小型化：使用最小封装器件

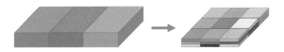

◎ 立体化：单层变多层

这样一来，就能让手机的电路布局设计更加小巧和紧凑，减少占用的空间。5G 手机都将采用这样的设计思路，减少自身的整机尺寸和厚度。

第二，电磁兼容方面。手机内部的器件之间会产生电磁干扰，这个问题非常复杂且重要。5G 手机仍然需要继续支持 2G、3G、4G、Wi-Fi、蓝牙、GPS 等。这些功能都需要相应的器件支持，因此 5G 手机会尽可能使用自屏蔽器件，降低相互干扰。

◎ 5G 手机使用自屏蔽器件

器件可以采用自屏蔽器件，但天线不行，屏蔽了就没信号了。在诸多网络同时工作的情况下，如何控制信号之间的干扰，一直都是摆在手机工程师面前的难题，是考验手机厂商电磁兼容性设计能力的试金石。各大公司的 5G 手机研发团队必须通过无数次仿真实验，才能找到最优方案，提高 4G 网络和 5G 网络共存条件下的信号质量和吞吐率，确保自家 5G 手机在射频信号方面不出问题。

第三，功耗和散热方面。新手机、新芯片带来性能增长的同时，往往也会带来功耗和发热量的大幅增加。如果功耗控制得不好，将大幅影响手机的续航能力，巨大的发热量也会导致手机出现卡顿。

◎具备液冷散热功能的铜管

5G 手机的散热设计思路分为硬件和软件两个方向。硬件方向，手机内部采用了一根很给力的、具备液冷散热功能的铜管，它具有一定的热功耗处理能力，可以控制热 / 冷端的温差，能够迅速将处理器的热量往冷端传导，保证处理器充分发挥性能。同时，手机厂商还可能会采用复合材料（相变散热材料 + 散热屏蔽材料），屏蔽能力和散热能力都很强，保证了散热效果。软件方向，可以运用 AI CPU 管理机制，通过建立算法模型，借助人工智能，寻找性能和功耗之间的完美平衡。总之就是"软硬兼施"。

第四，存储速度方面。很多人问，5G 的网络速度那么快，手机本身的存储速度还能不能跟得上？会不会成为瓶颈？其实不会的。

5G 手机会采用更高级的文件系统，例如 F2FS 文件系统。相对传统的 EXT4 格式的文件系统，这种文件系统的随机读写速率提升超过 15%，并针对 4K 小文件的读写速度做了特殊处理，整体存储性能可提升 20% 以上。5G 手机还会采用更高级的闪存芯片，拥有更优异的读取和写入能力，以满足 5G 网络的高速率需求。

第五，外壳材料方面。为了降低信号衰减，5G 手机肯定会越来越少地采用金属后盖，取而代之的是塑料、玻璃、陶瓷，或者其他新型材料。

 ## 5G 芯片之争

根据中国信息通信研究院的统计，2020 年 1~10 月，国内市场 5G 手机上市新机型 183 款，累计出货 1.24 亿部，占全部上市手机的比例为 49.4%。毫无疑问，5G 手机现在已经全面占领了市场。

5G 手机这些年来的发展历程很不平坦，围绕 5G 手机的纷争从来就没有停止过。

最开始的时候，大家争论"谁推出了第一款 5G 手机（芯片）"。后来，开始争论"NSA[9] 是不是假 5G"。再后来，又争论"集成基带和外挂基带哪个更好"。再再后来，争论"有没有必要支持 N79 频段"……

对不太懂技术的普通用户来说，这些无休止的争吵实在是让人懵圈——不就是买个 5G 手机么？怎么就这么麻烦呢？其实，争来争去，主要原因还是 5G 芯片的技术不成熟。或者说，这些都是 5G 手机发展早期的正常分歧。

5G 手机和 4G 手机最大的区别，在于是否支持 5G 网络，这主要由手机的基带芯片决定。有了 5G 基带芯片，手机才能够接入 5G 网络。

---

[9] NSA 即 Non-Stand Alone，非独立组网；SA 即 Stand Alone，独立组网。

◎基带芯片（高通 X55）

◎ 5G SoC 芯片（联发科技）

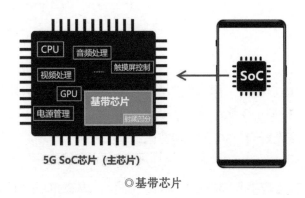

◎基带芯片

所以说，5G 手机的发展史其实就是 5G 芯片的发展史。而 5G 芯片的发展史又和 5G 基带芯片密不可分。

下面我们从头开始说起。

• 2016—2018 年：第一代 5G 基带芯片

全球第一款 5G 基带芯片来自老牌芯片巨头——美国高通（Qualcomm）。高通在 2016 年 10 月就发布了 X50 5G 基带芯片。那时候，全球 5G 标准都还没制定好。

因为推出时间确实太早，所以 X50 的性能和功能都比较弱，主要用于一些测试或验证场景。没有哪个手机厂商敢拿这款基带芯片去批量生产 5G 手机。

到了 2018 年 2 月，华为在巴塞罗那世界移动通信大会上发布了自己的第一款 5G 基带芯片——巴龙 5G01（Balong 5G01）。华为称它为全球第一款符合 3GPP 5G 协议标准（R15）的 5G 基带芯片。不过，这款 5G01 基带芯片的技术也还不够成熟，没法用在手机上，只能用在 5G CPE 上。

◎（左图）巴龙 5G01；（右图）5G CPE：把 5G 信号转成 Wi-Fi 信号的小设备

紧接着，联发科技、三星和英特尔陆续在 2018 年发布了自己的 5G 基带芯片（当时还没商用）。

这里姑且把这些 5G 基带芯片叫作第一代 5G 基带芯片吧。

第一代 5G 基带芯片的参数（数据仅供参考，大部分没有量产）

对比项	骁龙 X50	巴龙 5G01	Helio M70	Exynos 5100	XMM 8160
厂商	高通	华为	联发科技	三星	英特尔
支持组网	NSA	NSA/SA	NSA/SA	NSA/SA	NSA/SA
支持频段	Sub-6 GHz 毫米波	Sub-6 GHz 毫米波	Sub-6 GHz 毫米波	Sub-6 GHz 毫米波	Sub-6 GHz 毫米波
工艺制程	28 nm（2016 年）10 nm（2018 年）	16 nm	7 nm	10 nm	10 nm
发布日期	2016 年 10 月	2018 年 2 月	2018 年 6 月	2018 年 8 月	2018 年 11 月

这一代芯片有一个共同的特点——它们都是通过"外挂方式"搭配 SoC 芯片进行工作的。也就是说，基带芯片并没有被集成到 SoC 芯片里，而是独立在 SoC 芯片之外。

◎集成基带芯片 vs 外挂基带芯片

集成基带芯片与外挂基带芯片相比，当然是前者更好。集成基带芯片在功耗控制和信号稳定性上明显要优于外挂基带芯片。可是没办法，在技术不成熟时只能选择外挂基带芯片。

总而言之，2018 年，5G 手机基本处于无"芯"可用的状态，市面上也没有商用发布的 5G 手机。

- **2019 年：第二代 5G 基带芯片**

到了 2019 年，情况就不同了。随着 5G 第一阶段标准（R15）的确定、第二阶段标准（R16）的推进，各个芯片厂商的技术不断成熟，开始有了第二代 5G 基带芯片。

首先有动作的，是华为。华为在 2019 年 1 月发布了巴龙 5000（Balong 5000）这款全新的 5G 基带芯片，它支持 SA 和 NSA，采用 7 nm 工艺，支持多模。小枣君个人认为，综合来说，这是第一款迈入大规模商用门槛的 5G 基带芯片。

◎ 巴龙 5000

紧接着，高通在 2019 年 2 月发布了 X55 基带芯片，该芯片支持 SA 和 NSA，采用的是 7 nm 工艺，也支持多模。从纸面数据上来看，X55 的指标高于巴龙 5000。

不过，华为的动作更快。2019 年 7 月，就在高通 X55 还停留在口头宣传的时候，华为采用"麒麟 980+外挂巴龙 5000"的方案，发布了自己的第一款 5G 手机——Mate20 X 5G，这是我国第一款获得入网许可证的 5G 手机。

因为高通的 X55 到 2020 年第一季度才批量出货，所以，当时包括小米、中兴、vivo 在内的一众手机厂商，只能使用外挂 X50 基带芯片的高通 SoC 芯片，发布自家的 5G 旗舰产品。

部分 5G 手机参数的对比

厂商	手机型号	发布时间	SoC	基带芯片	基带芯片的工作方式	支持的组网方式
华为	Mate20 X 5G	2019 年 7 月	麒麟 980	巴龙 5000	外挂	NSA/SA
中兴	Axon 10 Pro 5G	2019 年 5 月	骁龙 855	X50	外挂	NSA
小米	小米 9 Pro	2019 年 9 月	骁龙 855 plus	X50	外挂	NSA

续表

厂商	手机型号	发布时间	SoC	基带芯片	基带芯片的工作方式	支持的组网方式
vivo	iQOO Pro 5G	2019 年 8 月	骁龙 855 plus	X50	外挂	NSA
vivo	NEX3 5G	2019 年 9 月	骁龙 855 plus	X50	外挂	NSA

客观地说，只看 5G 通信能力的话，这差距是非常明显的。当时，围绕 SA 和 NSA，爆发了很大的争议。很多人认为，仅支持 NSA 的手机是"假 5G"手机，到了 2020 年会无法使用 5G 网络。

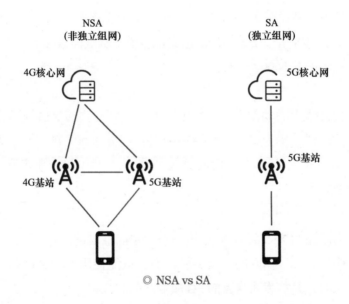

© NSA vs SA

其实这种说法并不准确。事实上，NSA 和 SA 都是 5G 网络的组网方式。在 SA 还没有商用的前提下，仅支持 NSA 也是够用的。

2019 年 9 月，华为发布了麒麟 990 5G SoC 芯片，该芯片采用的是 7 nm EUV 工艺，其性能优势更加明显。所以，在 2019 年中后期的很长一段时间内，华为 5G 手机大卖特卖，销量一骑绝尘。

2019 年 9 月 4 日，三星发布了自家的 5G SoC 芯片——猎户座 980（Exynos 980），采用的是 8 nm 工艺。一个月后，三星发布猎户座 990（Exynos 990）。相比于 Exynos 980 集成 5G 基带芯片，Exynos 990 反而是外挂的 5G 基带芯片（采用 Exynos Modem 5123）。

◎三星猎户座 980

正当大家以为华为"一枝独秀"的局面要持续到 X55 上市时，一匹黑马杀出来了，那就是来自宝岛台湾的芯片企业——联发科技（Media-Tek）。11 月 26 日，联发科技发布了自家的 5G SoC 芯片——天玑 1000，纸面参数和性能跑分都全面领先，业界顿时炸开了锅。

◎联发科技的天玑 1000

12 月 5 日，姗姗来迟的高通终于发布了自家的新 5G SoC 芯片，分别是骁龙 765 和骁龙 865。

高通是国内各大手机厂商（华为除外）的主要芯片供应商。包括小米、OPPO、vivo 在内的众多厂商都在等高通的这款骁龙 865 芯片。不过，骁龙 865 推出之后，大家发现，这款芯片仍然是外挂基带芯片（而骁龙 765 是集成基带芯片，集成了 X52，支持 5G，但是整体性能弱于骁龙 865，定位在中端市场）。

下面把这几家厂商的 SoC 芯片放在一起比较一下。

2019 年年底主流手机芯片对比（纸面数据，仅供参考）

对比项	麒麟 990 5G	天玑 1000	骁龙 865	猎户座 990
厂商	华为	联发科技	高通	三星
工艺	7 nm EUV	7 nm	7 nm	7 nm EUV
基带	巴龙 5000	Helio M70	X55	Exynos Modem 5123
基带方式	集成	集成	外挂	外挂
组网支持	NSA/SA	NSA/SA	NSA/SA	NSA/SA
频段支持	Sub-6 GHz	Sub-6 GHz	Sub-6 GHz 毫米波	Sub-6 GHz 毫米波
最高下行速率	2.3 Gbit/s	4.7 Gbit/s	7.5 Gbit/s（毫米波）2.3 Gbit/s（Sub-6 GHz）	7.35 Gbit/s（毫米波）5.1 Gbit/s（Sub-6 GHz）
最高上行速率	1.25 Gbit/s	2.3 Gbit/s	3 Gbit/s（毫米波）未知（Sub-6 GHz）	2.3 Gbit/s（毫米波）未知（Sub-6 GHz）
发布日期	2019 年 9 月 6 日	2019 年 11 月 26 日	2019 年 12 月 4 日	2019 年 10 月 24 日
商用情况	2019 年 9 月已商用，Mate30、Mate30 Pro、荣耀 V30 等使用	2019 年 12 月已商用，OPPO Reno3 使用	2019 年未商用	2019 年未商用

　　三星的芯片基本上是三星手机在用。这些年，三星手机在我国的市场份额不断下滑，基本退出了第一阵营的争夺。所以，实际上我国 5G 芯片市场就是华为、高通、联发科技三家在激烈竞争。

　　下面具体分析一下当时这些芯片的参数差异。

　　从工艺制程来看，几款芯片都是 7 nm，但是 EUV（Extreme Ultra-Violet，极紫外光刻）比传统工艺要强一些。从组网支持来看，它们都支持 NSA 和 SA。最主要的区别集中在基带外挂 / 集成、是否支持毫米波以及连接速度方面。

第一，基带是否外挂。集成基带芯片肯定比外挂基带芯片好，但是这里的情况有点特殊。华为麒麟 990 集成了 5G 基带芯片，并不代表它各方面都强于高通的芯片。有一部分原因在于华为麒麟 990 采用的是 2018 年 ARM 发布的 A76 架构（其他几款都采用的是 2019 年 5 月 ARM 发布的 A77 架构）。这两种架构集成 5G 基带芯片的难度很大。华为麒麟 990 集成 5G 基带芯片，还牺牲了一部分的性能，这就是华为连接速率指标明显不如其他三家的原因之一。

换言之，以 2019 年年底的技术，想要做到性能、功耗、集成度的完美平衡，非常非常困难。

联发科技的天玑 1000 既采用了 A77 架构，又做到了基带集成，整体性能不输对手，出乎人们意料。

第二，是否支持毫米波。高通骁龙 865 不支持集成，有一部分原因在于毫米波，支持毫米波会让芯片的功耗和体积增加，就没办法集成了。

高通的 SoC 芯片为什么要支持毫米波频段呢？因为要兼顾美国市场的需求。美国运营商 AT&T 使用了毫米波频段。除了美国等少数国家之外，大部分国家目前还没有使用毫米波频段。

5G 频段

频率范围名称	对应的频率范围	俗称
FR1	410 ~7125 MHz	Sub-6 GHz 频段
FR2	24 250 ~52 600 MHz	毫米波（mmWave）频段

第三，连接速度方面。抛开毫米波，只看 Sub-6 GHz 频段下的速度。天玑 1000 公布的数据比其他几款快了一倍。这也是有原因的，

因为天玑采用了双载波聚合技术，将两个 100 MHz 的频率带宽聚合成 200 MHz 来用，实现了速率的翻倍。

值得一提的是，这个 100 MHz+100 MHz 基本上就是为中国联通和中国电信 5G 共享共建量身定制的。这两家运营商在 3.5 GHz 频段刚好各有 100 MHz 的频段资源。

◎中国电信与中国联通在 3.5 GHz 的频段

第四，是否支持 N79 频段。当时围绕 N79 频段也爆发了不少"口水战"。我们知道 5G 有多个频段。Sub-6 GHz 的频段如下表所示，其中 SUL 和 SDL 为辅助频段（Supplementary Bands），分别代表上行和下行。N79 频段就是 4400~5000 MHz 的频段。

Sub-6 GHz 频段

频段号	上行频段	下行频段	带宽	双工模式
N1	1920~1980 MHz	2110~2170 MHz	60 MHz	FDD
N2	1850~1910 MHz	1930~1990 MHz	60 MHz	FDD
N3	1710~1785 MHz	1805~1880 MHz	75 MHz	FDD
N5	824~849 MHz	869~894 MHz	25 MHz	FDD
N7	2500~2570 MHz	2620~2690 MHz	70 MHz	FDD
N8	880~915 MHz	925~960 MHz	35 MHz	FDD
N20	832~862 MHz	791~821 MHz	30 MHz	FDD
N28	703~748 MHz	758~803 MHz	45 MHz	FDD
N38	2570~2620 MHz	2570~2620 MHz	50 MHz	TDD
N41	2496~2690 MHz	2496~2690 MHz	194 MHz	TDD

续表

频段号	上行频段	下行频段	带宽	双工模式
N50	1432~1517 MHz	1432~1517 MHz	85 MHz	TDD
N51	1427~1432 MHz	1427~1432 MHz	5 MHz	TDD
N66	1710~1780 MHz	2110~2200 MHz	70/90 MHz	FDD
N70	1695~1710 MHz	1995~2020 MHz	15/25 MHz	FDD
N71	663~698 MHz	617~652 MHz	35 MHz	FDD
N74	1427~1470 MHz	1475~1518 MHz	43 MHz	FDD
N75	N/A	1432~1517 MHz	85 MHz	SDL
N76	N/A	1427~1432 MHz	5 MHz	SDL
N77	3300~4200 MHz	3300~4200 MHz	900 MHz	TDD
N78	3300~3800 MHz	3300~3800 MHz	500 MHz	TDD
N79	4400~5000 MHz	4400~5000 MHz	600 MHz	TDD
N80	1710~1785 MHz	N/A	75 MHz	SUL
N81	880~915 MHz	N/A	35 MHz	SUL
N82	832~862 MHz	N/A	30 MHz	SUL
N83	703~748 MHz	N/A	45 MHz	SUL
N84	1920~1980 MHz	N/A	60 MHz	SUL

我国运营商采用的 5G 频段主要分布如下。

我国三大运营商 5G 频段分布

运营商	5G 频段	带宽	5G 频段号
中国移动	2515~2675 MHz	160 MHz	N41
	4800~4900 MHz	100 MHz	N79
中国电信	3400~3500 MHz	100 MHz	N78
中国联通	3500~3600 MHz	100 MHz	N78

从表中可以很清楚地看到，中国联通或中国电信的用户无须理会 N79 频段，因为用不到。那中国移动的用户是不是一定要买支持 N79 频段的 5G 手机呢？答案是：不一定。当时中国移动还没有用 N79 频段。不过，后期可能会用。站在普通消费者的角度，如果我是移动用户，当然会倾向购买支持 N79 频段的 5G 手机，一步到位。

这么一看的话，华为又占了优势。下面是华为的 3 款 5G 手机使用的频段，可以看出它们都支持 N79 频段。

华为 5G 手机使用的频段

机型	3 个 5G 频段 （N41/N78/N79）	其他 5G 频段 （网络升级 / 海外漫游）
Mate30 Pro 5G	√	4 个
Mate30 5G	√	1 个
nova 6 5G	√	3 个

以上就是 2019 年年底各家 5G SoC 芯片的大致情况。总的来说，华为、联发科技和高通 3 个厂商的产品各有千秋。

• **2020 年：第 2.5 代 5G 基带芯片**

进入 2020 年后，受新冠肺炎疫情的影响，5G 芯片和手机的发布速度有所放慢。

最先有动作的是联发科技。联发科技发布了纸面数据爆表的天玑 1000。可是，后来一直没有看到搭载天玑 1000 的手机问世，只看到两款搭载了天玑 1000L（天玑 1000 的"缩水版"）的手机。2020 年 5 月 7 日，在消费者苦等半年之后，联发科技线上发布了天玑 1000 的升级版——天玑 1000plus（天玑 1000+）。从联发科技发布的信息看，硬件升级不大，主要是通过软件调优，在功耗、游戏体验、屏幕刷新率，以及视频画质上进行提升。

不久后，5 月 19 日，vivo 发布了首款搭载天玑 1000+ 芯片的机型——iQOO Z1。

再来看看高通。2020 年 2 月 12 日，在三星 S20 发布会上，高通骁龙 865 正式亮相。此后，它陆续被搭载在各大手机厂商的旗舰手机上，成为 2020 年的主流 5G SoC 芯片。

2020 年搭载骁龙 865 芯片的主要机型

品牌	机型
vivo	vivo NEX 3S，vivo X50 Pro+，iQOO 5，iQOO 5 Pro，iQOO 3，iQOO Neo3
小米 / 红米	小米 10，小米 10 Pro，小米 10 至尊版，红米 K30 Pro，红米 K30 Pro 变焦版，红米 K30S 至尊版
三星	S20 Ultra，S20+，S20，Note20 Ultra，Note20
OPPO	OPPO Find X2 Pro，OPPO Find X2，OPPO Ace2
黑鲨	黑鲨 3 Pro，黑鲨 3，黑鲨 3S
魅族	魅族 17 Pro，魅族 17
一加	一加 8 Pro，一加 8，一加 8T
realme	realme X50 Pro，realme X50 Pro 玩家版
中兴 / 努比亚	红魔 5G，红魔 5S
其他品牌	摩托罗拉 Edge+，索尼 Xperia 1 Ⅱ，8848 M6 尊享版，8848 M6 私人订制版，华硕 Zenfone7，华硕 Zenfone7 Pro，索尼 Xperia 5 Ⅱ

2020 年 10 月，华为随同 Mate 40 Pro 发布了麒麟 9000 芯片。该芯片基于 5 nm 工艺制程，集成了 5G 基带芯片（还是巴龙 5000），性能有所升级，支持 5G 超级上行和下行载波聚合，上下行速率比其他手机芯片有明显提升。

因为众所周知的制裁原因，华为芯片局面日益艰难。在华为 Mate 40 的发布会上，华为消费者业务 CEO 余承东表示，麒麟 9000 很可能是最后一代华为麒麟高端芯片。

同样是 10 月，苹果公司推出了 iPhone 12，这是第一款支持 5G 的 iPhone。iPhone 12 使用的是自家的 A14 仿生芯片，采用的是台积电 5 nm 工艺，外挂了一颗高通 X55 5G 基带芯片。

2020 年 12 月 1 日，高通正式发布了基于 5 nm 工艺的新一代旗舰 SoC 芯片——骁龙 888。这款芯片将成为 2021 年大部分品牌旗舰型号手机的首选 SoC 芯片。2021 年 1 月 21 日，联发科技正式发布基于台积电 6 nm 工艺的天玑旗舰 5G 移动芯片——天玑 1200，这也是联发科技 2021 年上半年投入芯片市场的主力。

以上就是截至 2020 年 10 月 5G 芯片的整个发展历程。

值得一提的还有紫光展锐。它们在此前虎贲 T7510 的基础上，推出了新款 5G SoC 芯片虎贲 T7520。该芯片采用 6 nm EUV 的制程工艺，搭载自研的春藤 510 5G 基带芯片，据称技术成熟，2021 年将实现量产。

后续，随着 5G 网络建设的不断深入，越来越多的用户将投入 5G 的怀抱。这也就意味着，围绕 5G 手机和芯片的江湖纷争将会愈演愈烈，好戏仍将继续上演。

 ## 5G CPE

CPE 对国内用户来说，算是一个新鲜且少见的玩意儿。它的全称叫作 Customer Premises Equipment（用户驻地设备），业内习惯称之为

"客户终端设备"。"premises"一般是场所的意思，CPE 即放在客户场所的设备，与之相对的是放在服务提供商机房里的设备。

CPE 的主要作用是将 4G、5G 等移动通信信号或有线宽带信号转换成本地局域网信号，供用户设备使用。

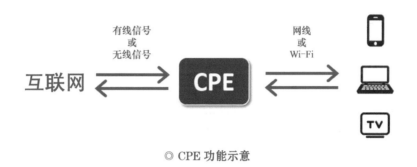

◎ CPE 功能示意

在国内，CPE 一般会在两种情况下出现。一种是用于政企用户的专线接入宽带业务，用户侧一般都有这么一个设备。

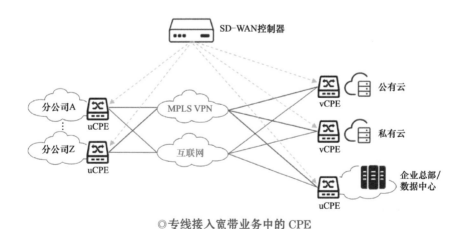

◎专线接入宽带业务中的 CPE

另一种就是这几年国内逐渐流行起来的 5G CPE。5G CPE 是一种 5G 终端设备，它接收运营商基站发出的 5G 信号，然后转换成 Wi-Fi

信号或有线信号，让
更多本地设备（手机、
平板电脑、台式计算机
等）上网。5G CPE 的
功能和我们家里连接
光纤宽带的"光猫"非
常类似。

◎ 5G CPE

◎ 5G CPE 功能示意

其实，从本质上来说，"光猫"也是一种 CPE。"光猫"和 5G CPE 的区别在于，"光猫"向上连接的是运营商的光纤接入网设备，而 5G CPE 连接的是 5G 基站。

那么问题来了，既然有了"光猫"，我们还要 5G CPE 做什么呢？5G CPE 会取代"光猫"吗？

先说结论：当然是不会。

目前的 5G CPE 产品都使用了和 5G 手机相同或类似的 5G 芯片，拥有强大的 5G 连接能力，支持 SA/NSA 组网，兼容 4G/5G 信号。在速率方面，5G CPE 和"光猫"不相上下。

"光猫" 与 5G CPE 的比较

对比项	光纤宽带（"光猫"）的参数	5G CPE 的参数
向上连接对象	无源光网络 PON	5G 基站
外网网络速率（理论峰值）	$100\ \text{Mbit}\cdot\text{s}^{-1}$/$200\ \text{Mbit}\cdot\text{s}^{-1}$/$500\ \text{Mbit}\cdot\text{s}^{-1}$/$1000\ \text{Mbit}\cdot\text{s}^{-1}$	NSA:$4.1\ \text{Gbit}\cdot\text{s}^{-1}$/$660\ \text{Mbit}\cdot\text{s}^{-1}$ SA:$2.1\ \text{Gbit}\cdot\text{s}^{-1}$/$900\ \text{Mbit}\cdot\text{s}^{-1}$ （以 OPPO 5G CPE T1 为例）
使用成本	低	低
移动性	不可移动，需要光纤接入资源	可以移动，有 5G 信号覆盖即可
网络时延	毫秒级	毫秒级

可以说，5G CPE 就是一个加强版"光猫"。它的优势是移动性和灵活性。不同于常规"光猫"只能固定在一处使用，5G CPE 可以"移动"。凡是有 5G 信号的地方，都可以使用 5G CPE。

例如，当一家人去郊区别墅度假时，可以使用 5G CPE，架设一个 Wi-Fi 6 高速热点，让家庭成员都能够上网，分享游玩的视频。再如，当公司外出举办活动或参加展会时，可以使用 5G CPE，方便员工和客户上网。甚至说，你要去摆地摊，也可以带上 CPE，相当于将光纤宽带带在了身边。

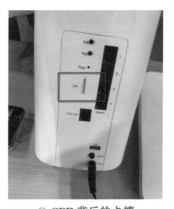

◎ CPE 背后的卡槽

传统的"光猫"开通比较容易，去营业厅办理套餐即可，但取消就麻烦多了。现在的宽带业务基本上都有协议期，协议期没结束，是不能随意停机的。万一需要搬家，光纤宽带还要办理移机，也很麻烦。而 5G CPE 不同，只要有一张 5G 手机卡（现在流量卡很便宜），就能高速上网。

对于年轻人租房还有小微企业的办公场景，使用 5G CPE 非常合适。

设备随带随走、随走随用，完全规避了宽带装机拆机带来的麻烦。5G CPE 还适合偏远地区或地形复杂地区（如农村、野外等）。这些地区如果要铺设光纤，难度大、成本高，非常不划算。事实上，国外很多地区因为地广人稀，所以很早就开始使用 CPE。他们利用室外 CPE 接收基站信号，然后转成本地信号，以此来访问互联网。

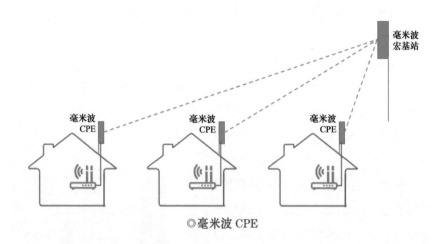

◎毫米波 CPE

此外，5G CPE 体积大，天线增益更强，功率更高，信号收发能力比手机强，经常被用于各种外场 5G 场景测试中。

简而言之，5G CPE 融合了 Wi-Fi 的低成本和 5G 的大带宽优势，形成了对传统光纤宽带的有力补充。

除了上网之外，5G CPE 未来还可用作家庭智能网关。一直以来，家用路由器市场都是众多厂商的竞争焦点。不是因为路由器赚钱，而是因为它是全家网络流量的出入口，也是家庭数字应用的基础平台。5G CPE 扮演着和路由器同样的角色，它将是未来 5G 家庭的"智慧网关"，更是全家智能生活的支点。用户通过 5G CPE，可以控制家中的多种智能设备，在实现万物互联的同时，显著改善了家庭成员的生活体验。

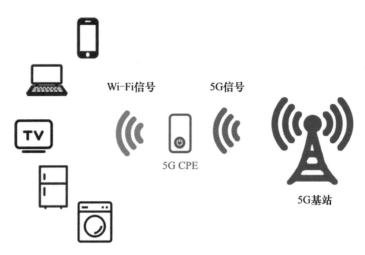

◎ 5G CPE 强大的互联功能

　　除了面向家庭的 2C 场景之外，5G CPE 在面向企业的 2B 市场也有非常广阔的应用前景。

　　以智慧工厂为例。未来，工厂的设备和物资都会联网。5G CPE 可以作为某个区域（如车间）内所有设备的统一流量出入口，为这些设备提供低成本、高速率的网络连接。

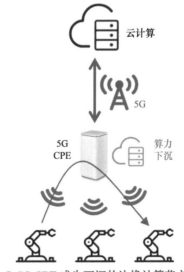

　　随着应用场景的增加，5G CPE 将支持除了 5G 之外更多的通信协议（如蓝牙、UWB 等），真正成为所有设备的管理控制中枢。

◎ 5G CPE 成为下沉的边缘计算节点

　　除了网络连接功能外，5G CPE 还会与边缘计算结合，成为下沉的边缘计算节点，为相关设备提供算力支持。

总而言之，5G CPE 对家庭用户和企业用户都有非常重要的意义。随着 5G 网络建设的全面铺开，越来越多的地方开始覆盖 5G 信号。5G CPE 的需求一定会不断增加，围绕 5G CPE 的应用场景也会变得越来越多。

相信 5G CPE 会逐渐走进更多人的生活！

 尾 声

5G 终端有很多种，除了手机和 CPE 之外，还包括很多应用在物联网场景的终端，例如 ATM、可穿戴设备、智能表计等。这些种类丰富的终端安装了 5G 芯片和模组，具备了 5G 网络的接入能力。它们是实现"万物互联"的重要前提。

第 10 章
5G 的产业链

引 言

5G 目前正处于如火如荼的建设阶段，尤其是国家提出"新基建"战略，5G 作为战略龙头，重要性更是不言而喻。

根据行业预测，中国 5G 建网的投资规模在 1.2 万亿元左右，比 4G 增长约 55%。如此巨大的投资将带动 5G 整个产业向前发展。那么，究竟哪些领域的企业将会受益？5G 产业链到底包括哪些部分？

这一章我们来系统地分析一下 5G 产业链的组成。

什么是产业链？产业链既是一种产品链，也是一种价值链。从原材料到器件，再到产品，从小产品到大产品，最终到系统产品、解决方案和配套服务，产业链将这些提供给用户。链条中所涉及的一系列企事业单位和个人，都是产业链的组成部分。

5G 产业链，就是交付 5G 网络服务的所有单位和个人的集合。从硬件角度来说，用户想要使用 5G 网络服务，离不开两样东西——5G 网络和 5G 终端。说白了，既要有"机"，又要有网。

先来说说网。5G 网络本质上依然是移动通信网络。我们知道，具有移动通信网络建设和经营资质的只有移动通信运营商。在中国，一共有 4 家 5G 网络的运营商，分别是中国移动、中国电信、中国联通和中国广电。

运营商在全国范围内建设和经营的通信网络是公共通信网络，也被称为"公网"。除了公网之外，在铁路、电力、公安、码头等领域，相关部门或单位也被授权建立通信网络。这种网络是专用的，指定了用户范围，也指定了地域范围，规模很小，用户数也不多（相对公网来说），被称为"专网"。

公网所采用的"特许经营权"模式，赋予了运营商在通信行业的绝对中心地位。也就是说，运营商是最大的甲方，几乎所有的通信行业投资（5G 投资）都是由运营商提供的。这些投资，大部分来自我们每月缴纳的话费，还有一部分来自国家投资或资本市场。

运营商为用户提供网络服务，但网络设备并不是运营商自己造的，它会向厂商进行招标采购。除了设备硬件和软件之外，它们还会采购服务，这些服务包括设计服务、安装服务、维护服务等。

这些能够提供移动通信相关产品或服务的企业，包括主设备厂商、细分领域设备厂商、工程承包商、人力服务提供商等，是运营商的乙方。乙方也有自己的乙方，乙方的乙方还有乙方，就这样一环扣一环，形成链条。

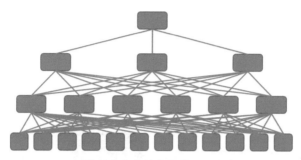

◎通信行业产业链的架构模型参考

5G 产业链，或者说通信产业链，不是一条单链，而是多链。通信网络是一个复杂的整体，它是由多个部分共同组成的，每个部分都有自己的产业链。从宏观上看，5G 网络产业链一共可以分为 3 个领域，与通信网络架构一一对应，分别是接入网产业链、承载网产业链和核心网产业链。

在这 3 个领域的产业链里，接入网和承载网是最值得关注的。这并不是因为它们的重要性更高，而是因为建设它们的投资最大（对 5G 公网来说，需要建设规模非常庞大的基站和光纤通信网络）。

基站属于接入网。对基站的投资毫无疑问占了大头。光纤通信虽然在接入网、承载网、核心网里都有用到，但主要还是用在承载网里。因此，可以说承载网产业链几乎等同于光通信产业链。

我们先看看 5G 基站（接入网）产业链上的企业都有哪些。本书第 6 章介绍过，4G 基站主要由 BBU、RRU 和无源天线组成，5G 基站则主要由 CU、DU 和 AAU 组成。因此，5G 基站产业链主要由天线厂商和主设备（CU、DU）厂商组成。

　　传统天线企业有盛路通信、通宇通讯、摩比天线、京信通信等。5G 时代，Massive MIMO 技术开始应用，天线从无源变为有源，不再单纯只是辐射信号，技术的复杂度高了很多。技术复杂度的提高，使天线与基站主设备之间的关系更为紧密。这种变化对传统天线企业是不利的。天线市场份额会受基站主设备市场份额的影响（对主设备厂商有利）。

◎ 5G 天线振子阵列

◎ 5G 天线的外观

　　射频器件是基站的重要组成部分，包括滤波器等。以滤波器为例，在 3G/4G 时代，基站滤波器主要以金属同轴腔体为主；到了 5G 时代，具有高 Q 值、低损耗、低温漂的陶瓷介质滤波器有望成为主流产品。

　　基站主设备厂商有华为、中兴、爱立信、诺基亚、大唐等。5G 基站主设备的 CU 和 DU 里是大量的电路板和电子元器件，还有很多芯片。它们的作用就是进行协议处理和运算。

◎ 5G 基站主设备

说到 5G 芯片，其实那是个笼统的叫法。芯片就是计算用的半导体器件，有计算的地方就需要有芯片。基站主设备里有芯片，承载网和核心网设备里也有芯片。手机里更不用说了，我们在第 9 章详细介绍过。网上很多文章中都提到了 5G 芯片，大部分情况下是指 5G 手机里面的 SoC 芯片。它只是通信行业庞大芯片家族的一个小成员而已。

5G 基站设备里的芯片和手机芯片或计算机 CPU 芯片存在很大区别，它们有自己独特的作用、设计和算法。中兴和华为分别成立了中兴微电子和华为海思，主要进行主设备芯片的研发。

基站除了主设备之外，还有大量的配套设备，例如机房电源、蓄电池、空调、安防监控甚至一体化站房和铁塔等，涉及不同的细分产业链。这里不再详细介绍。

除了室外宏基站之外，还有常用于室内的微基站。微基站分为普通微基站和 O-RAN 微基站，都是用于信号调制和射频处理。O-RAN 是开源基站，在第 6 章 "O-RAN 和基站白盒化" 一节中介绍过。

◎ 5G 微基站

◎ O–RAN 微基站

再来看看承载网。

前面说了，承载网的产业链几乎等同于光通信的产业链。在当今这个时代，光纤毫无疑问是有线网络传输数据的最佳选择。光通信产品一般包括光纤光缆、光模块和光通信主设备。光纤光缆的用量虽然很大，但是利润率极低。光纤光缆领域较大的企业有长飞光纤、中天科技、亨通光电。

光模块复杂一些，它主要由光芯片、光组件、PCB 等组成，主要的价值集中在光芯片上。中低端的光芯片基本都实现了国产化，但利润率不高。国外厂商目前在高端光芯片（传输速率可达 100 Gbit/s 及以上）的技术上占据较大的优势，国内厂商正在积极追赶。

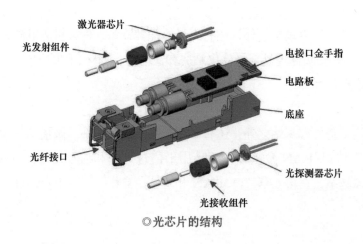

◎光芯片的结构

国内生产光模块的企业有中际旭创、光迅科技、新易盛、海信宽带、易飞扬、铭普光磁等。目前这几家企业基本都推出了传输速率达 400 Gbit/s 的光模块。

光模块一般都安装在主设备上。光通信的主设备包括 OTN、PTN 等，说白了就是插了光模块的光传输设备。国内光通信的主设备做得好的企业有华为、中兴、烽火、H3C 等。

◎光通信主设备

但凡是主设备，里面都有芯片。光通信主设备的芯片也是有很高技术含量的，华为和中兴都有自研的芯片，这两家企业的实力很强。

值得一提的是，光通信产业链除了是 5G 产业链的重要组成部分之外，也是固网宽带接入网产业链和数据中心产业链的重要组成部分。也就是说，这个产业链上的企业既服务于运营商，也服务于互联网企业。"新基建"的另一个重要领域——数据中心，是光通信的重要市场。数据中心大量采用叶脊网络结构，对光模块和光纤光缆有极大的需求。

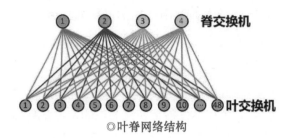

◎叶脊网络结构

再来看看核心网。

接入网、承载网和核心网这三大领域里，对核心网的投资最少的。因为它对设备数量的需求太少，就算单价高，在整个网络投资里的占比也不大。在海外的很多通信网络项目里，核心网设备都是赠送的。

在国内通信网络项目里，因为网络规模大，需要的核心网设备的数量相对较多。尤其是现在运营商建设 SA 核心网，整个平台都要换掉，核心网设备的市场还是很有吸引力的。

需要说明的是，5G 核心网采用了虚拟化技术，硬件方面已经全面采用了通用服务器，所以 5G 核心网硬件产业链基本上与数据中心通用 x86 服务器产业链一样。

软件方面，现在不少企业研发了核心网软件（开源核心网），但是考虑到电信行业对可靠性的要求，运营商主要还是采用华为、中兴等公司的核心网解决方案。小厂商的核心网软件主要是针对海外中小型运营商以及专网市场开发的。

◎ 5G 核心网虚拟化平台

接下来说说终端。

对消费互联网来说，终端基本是指手机和电话手表之类的可穿戴设备。手机产业链就热闹了，行业里研究得也比较透彻，什么摄像头、屏幕、Hi-Fi 音响等，大家都很清楚。5G 手机产业链上比较重要的是 5G SoC 芯片和 5G 基带芯片，全球这方面的相关制造企业有华为、高通、联发科技、三星、紫光展锐等。除了芯片，5G 手机里的射频模块和天线也有一定的技术含量。具体内容大家可以回顾第 9 章。

其实，除了应用于消费互联网之外，5G 更重要的应用领域是工业互联网。5G 网络主要的服务对象并不是消费者用户，而是行业用户。作为万物互联的重要载体，5G 能为工业、农业、物流、交通等产业提供服务。在不同的应用场景下，有不同的 5G 终端。

例如车联网，5G 汽车从某种意义上来说就是 5G 终端。汽车要想使用 5G 网络，需要安装 5G 模组。5G 模组的核心是 5G 芯片。5G 无人机也是一样，植入了 5G 模组和芯片的无人机也是 5G 终端。所以说，模组厂商也是 5G 产业链的重要组成部分。模组厂商的代表有高新兴、广和通、移远通信、日海智能、美格智能等。

除了模组之外，基于物联网的管理平台、系统集成和应用服务方面也有着庞大的市场。事实上，如果把 5G 网络和 5G 终端称为直接产业链，那么，基于 5G 的应用开发或许可以称为 5G 间接产业链。

5G 作为通信技术，发挥的是连接作用。它是一种管道，而管道是重资产投资的，回报率很低。

利用运营商建好的 5G 网络，去做行业解决方案，去做物联网生态，去面向最终用户卖产品、卖服务，这才是赢利之道。

例如，投资车联网，为车主提供无人驾驶服务；投资 5G 医疗，为病人提供 5G 便携健康手环和健康监测服务；投资 5G 教育，为学生提供 5G 远程 VR 视频课程内容……这些由 5G 网络赋能带来的新应用拥有更好的投资前景。就像当年有了 3G、4G 和智能手机之后，通过开发手机点餐、手机团购、手机支付、手机导航，不少公司成了独角兽、行业巨头。

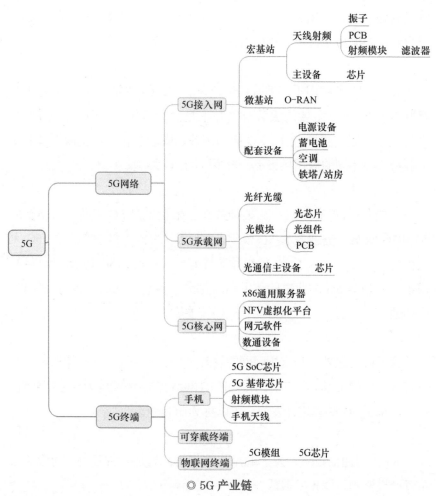

◎ 5G 产业链

▷⊦尾　声

　　5G 对行业的赋能效应带来的价值将远远大于其自身的投资。包括车联网、智能制造、智慧城市、智慧农业、智慧医疗、智慧能源、智慧物流等在内的各个垂直行业，都蕴藏着巨大的市场商机。如果现在才开始关注 5G 的网络建设投资，实际上已经迟了。当前所能做的，还是应该关注行业应用背后的价值。5G 应用市场才刚刚显露光芒！

　　注意，本章内容不作为投资建议，内容仅供参考。

第 11 章
5G 的未来

引 言

　　本书的最后一章，我们来聊聊 5G 的未来，主要包括 3 个方面的内容：一是 5G 后续发展可以关注的重点，二是 5G 目前面临的主要困难，三是 5G 的下一代——6G 的研究方向。

 5G 的未来走向 ————————————————

　　2020 年是 5G 建设的元年。随着时间的推移，我们会发现，社会各界对 5G 的关注热情有所消退，新闻媒体对 5G 的报道也相对减少。其实，这是一种正常的现象，并不代表 5G 开始"失宠"，而是说明 5G 已经逐渐走向成熟。技术成熟度曲线告诉我们，任何技术都会有萌芽期、期望膨胀期、泡沫幻灭期、复苏期和成熟期。5G 已经度过了期望膨胀期，不可避免地会进入低谷，然后复苏。

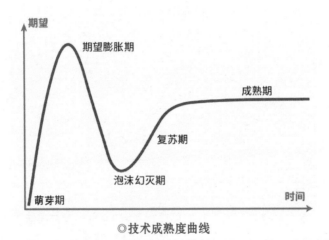

◎技术成熟度曲线

　　现阶段 5G 的发展逐渐挤掉泡沫，远离浮躁，进入正轨。以国内为例，5G 的工程建设正处于稳步推进的状态，5G 的行业应用也在加速落地。从网络建设的角度来看，截至 2020 年年底，我国累计已建成 5G 基站 71.8 万个。国内一二线城市均已实现了较大规模的 5G 信号覆盖，大部分地级市甚至县级市也拥有了 5G 基站。接下来，很多县乡地区将陆续进入 5G 时代。

　　不过，5G 并不会像 4G 那样进行全国范围内的无缝覆盖。它将主要针对人口密集地区的热点区域进行覆盖。此外，针对智慧农业、智慧城市、工业互联网、车联网等需求场景，实施按需覆盖。

简而言之，5G 的建网策略是：哪里有需要，就覆盖哪里。

从覆盖场所来看，5G 下一步的重点目标将从室外走向室内。目前，大中型城市里绝大部分的室外宏基站，只要条件允许，都已挂载了 5G AAU 天线。接下来，运营商将会在写字楼、商场、政府机构等人员密集区域加强 5G 室内分布系统的建设以及信号质量优化，做到深度覆盖。这是一项难度很高的工作，建设周期会比较长，成本也会很高。

如果说 5G 接入网的主要任务是不断新建、不断扩大覆盖的话，那么，5G 承载网和核心网当前的主要任务，就是对现有设备进行升级改造和扩容。尤其是 5G 承载网，随着 5G 基站和 5G 用户数量越来越多，流量带宽的压力会越来越大，急需提升承载能力。

对于 5G 承载网的中传和回传的升级，中国移动、中国电信和中国联通基本确定了技术方案，目前已经开始商用落地。5G 承载网前传的技术方案还没有完全明确，产业链也有待进一步发展。

对于 5G 核心网，现阶段这三大运营商的主要精力都放在用户面下沉以及 SA 核心网的开通上。三大运营商的 SA 核心网新建项目正在紧锣密鼓地进行，陆续会公布商用，届时将完美地呈现端到端网络切片等 5G 核心能力，5G 也将"华丽升级"。

除了网络建设进度之外，我们还要关注 5G 的商业落地。事实上，商业落地的重要性远远大于网络建设。移动互联网（人联网）方面，根据运营商的数据统计，截至 2020 年 12 月底，我国 5G 套餐用户累计有 2.5 亿户（中国移动加中国电信的用户，不包括中国联通的用户，中国联通的数据未公布）。现阶段，国内市场各品牌旗舰手机均已支持 5G 双模，

5G 手机出货量已经接近手机总出货量的一半。由于当前 5G 对消费者来说并非刚需，所以他们升级 5G 手机的欲望并不强烈。目前升级体验 5G 的主要人群还是具备一定消费能力的年轻用户。5G 最火热的 App 应用是一款网络测速 App——Speedtest。大部分用户升级 5G 手机取决于个人手机的更新迭代，什么时候换新手机，就什么时候升级 5G 手机。由此看来，5G 在个人用户市场的普及过程将远比 4G 漫长。

工业互联网（物联网）方面，在车联网、智慧城市、智慧医疗、智慧农业等各个行业领域，5G 还处于积极推动落地的过程中。运营商、设备商、服务提供商提出了很多 5G 和行业结合的方案，可商用的场景很多，也有成熟案例，但具体效果和市场反馈并不是非常理想。

5G 的投资回报周期很长，我们需要给 5G 更多自然生长的时间。我们也需要给行业用户更多的时间，让他们逐步了解 5G、接受 5G、认可 5G，感受 5G 带来的赋能效应，最终心甘情愿地为 5G 付费。

5G 面临的主要困难

除了网络建设和商业落地之外，我们还需要关注 5G 的几个"弱点"。这些弱点很可能会左右 5G 的发展态势，影响 5G 的未来走向。

第一，是覆盖效果。

因为频率高的原因，5G 基站的信号覆盖范围不如 4G。目前我们已有的 5G 基站主要是室外宏基站，5G 用户规模不大，资源比较充足。所以，用户的 5G 网络体验应该不会太差。可是，一旦到了室内（70% 以上的移动流量来自室内），运营商室内分布系统没跟上，加上 5G 用户数后续会不断增加，体验是否还能保持现状就很难说了。如果用户体验明显下滑，势必影响用户对 5G 的信任度和接受度，也会影响更多用户升级 5G 的动力和决定。

5G 在 B 端（政企用户）市场的拓展也是如此。它是否能够满足行业应用场景的需求，在关键场景下能不能提供此前所承诺的关键指标（带宽、时延、可靠性等），目前还有待进一步观察。

Sub-6 GHz 频段的覆盖效果尚且如此让人不放心，毫米波频段就更不用说了。目前我们国家还没有明确的毫米波商用计划，但是，有一些超大带宽的应用场景还是需要毫米波的。究竟什么时候毫米波频段才会实现商用，哪些领域会优先用到毫米波频段，也是值得关注的重点。

第二，是设备能耗。

目前来看，5G 无线设备的能耗明显高于 4G。虽然在设备商的努力下，两者之间的差距在不断缩小，但是，还没有彻底解决这个问题。巨大的能耗给运营商带来了很大的电费压力。

5G 能耗是技术问题，技术问题需要用技术手段来解决。

5G 的能耗，一是设备自身工作的能耗，二是散热能耗。散热，又分为主动散热和被动散热。被动散热，就是通过风扇和空调进行散热。这种方式治标不治本。设备商和运营商现在把降功耗的关注重点放在设备自身上。一方面，采用更先进的工艺和材料，降低设备功耗。另一方面，引入 AI 技术，动态调整设备自身的工作负荷，以此进一步降低能耗。AI 会根据算法，结合大数据，判断覆盖场景的特征，预测业务负荷趋势，然后动态地调整功耗。

第三，是 2G/3G 的退网重耕和清频。

随着 5G 建设的深入，运营商势必加快 2G/3G 的退网，以减轻自身的运维负担。同时，退网清频还可以释放出更多的频率资源给 4G/5G 使用。

退网并不是一件容易的事情。目前我们国家还有数以亿计的 2G/3G 存量用户，包括物联网卡用户，退网势必影响这些用户对网络的使用，有可能导致用户不满甚至用户流失。

对运营商来说，需要制定合适的退网策略，稳步推进，尽可能将对用户的影响降至最低。

第四，是运维压力。

5G 是一张超复杂的网络，在目前还没有完成 2G/3G 退网的情况下，旧技术叠加新技术，加深了整体网络架构的复杂程度。这样的网络，如果还是依靠以前那种人工运维方式，肯定是不行的。

近年来，设备商一直在努力简化产品的运维操作，运营商也在积极探索智能运维，但由于种种原因，运维工作的模式转变和运维人员的思路转变比想象中更慢。转变越慢，时间窗口就越短。如果运营商不加速推动运维变革，很可能会影响到自身的转型。

总而言之，5G 是运营商的一场大考。真金白银已经花了出去，这些投资对收入不断下滑的运营商来说，是巨大的压力。短期内是看不到回报的。

面对严峻的形势，运营商在努力求变。我们看到，运营商的组织架构、战略方向和商业模式在不断发生变化。面对压力，它们抱团取暖。例如，中国电信和中国联通的共享共建，还有中国移动和中国广电的"联姻"。这些主动的求变到底会不会产生所期望的效果，目前还不得而知，但求变总归会带来希望。

5G 的商用并不是一切的结束，而是开始。随着 R16 版本的冻结、SA 核心网的商用，我们即将进入 5G 的新阶段。此时此刻，更需要密切关注 5G 的发展，及时解决已存在的问题，同时还要留意新的机遇和变化，只有这样，才能让 5G 获得最终的成功。

 ## 6G 离我们还遥远吗？

就在关注 5G 发展的同时，我们还时不时地听到关于 6G 的新闻。

2018 年 3 月，全国两会期间，时任工信部部长苗圩在央视新媒体访谈节目《部长之声》中透露，我国已经开始着手研究 6G。新闻一出，全国媒体一阵喧哗，报道无数。2019 年年初，时任美国总统特朗普扬言，6G 并不遥远，美国可能跳过 5G，直接发展 6G。2019 年 3 月，全球首届 6G 峰会在芬兰举办，商议拟定了全球首部 6G 白皮书，10 月，白皮书《6G 无线智能无处不在的关键驱动与研究挑战》发布。

◎全球首部 6G 白皮书

2019 年 11 月 3 日，我国科技部会同国家发展改革委、教育部、工信部、中科院、自然科学基金委在北京组织召开了 6G 技术研发工作启动会。会议宣布成立国家 6G 技术研发推进工作组和总体专家组。其中，推进工作组由相关政府部门组成，职责是推动 6G 技术研发工作实施；总体专家组由来自高校、科研院所和企业的 37 位专家组成，主要负责提出 6G 技术研究的布局建议与技术论证，为重大决策提供咨询与建议。6G 技术研发推进工作组和总体专家组的成立，标志着我国 6G 技术研发工作正式启动。

现在搞 6G，会不会太早了一点呢？不会。

熟悉军事的读者一定听过这么一句话："装备一代、研制一代、预研一代"。说的就是我们国家的军工装备一贯采用的研发策略：生产和装备一代设备，同时研发下一代设备，再同时预先探索和研究下下一代设备。这种清晰的发展节奏，可以保证军事装备的研究进度更加合理，既不会激进，也不会落后。在资源效率提升、技术更新换代、人才培养储备等方面，这样的策略也会带来很大的好处。

通信行业其实也是如此，只是说法换成了"使用一代、研究一代、储备一代"。表述文字不同，但道理是一样的。我们常常讨论国家与国家之间的科技实力竞争，包括 5G 通信标准之争。所谓通信标准之争，就是指通信行业的企业挑选自己认为有前途的技术，进行研发投入。这些企业做技术创新、申请专利，等到 3GPP 组织开始制定标准时，就会竭尽全力地把自己的优势专利往前推，期待能够被收录成标准，从而收取专利费，增加话语权。如果等到 3GPP 开始讨论标准时再来启动技术研究，那黄花菜都凉了。

大型 ICT 公司都有人数众多的标准预研部门，专门从事技术发展方向的预判，以及技术路线规划的相关工作，即提前布局。既然是布局，当然是越早越好。

我国通信技术标准的商用时间

通信技术	国内商用时间	距上一代时间
2G	1993 年	—
3G	2009 年	16 年
4G	2013 年	4 年
5G	2019 年	6 年

以 5G 为例，ITU 正式确定 5G 的三大应用场景是在 2015 年 9 月。3GPP 开始 5G 第一阶段标准（R15 版本）的制定工作是在 2017 年。而代表世界通信领域主要力量的欧盟、美国、日韩、中国，开启 5G 标准研究是在什么时间呢？2010 年前后。中国 IMT-2020（5G）推进组于 2013 年成立，这都已经算晚的了。

华为是什么时候开始进行 5G 标准研究的呢？根据资料，在 2008 年华为就已经开始预研 5G 相关技术了。大家要知道，2009 年 1 月 7 日，工信部才发放了国内的 3G 牌照。也就是说，国内 3G 刚起步，华为就开始研究 5G 了。中兴启动 5G 研究的时间也大致差不多。2019 年年底，国内 5G 牌照刚刚发放，启动 6G 的研究非常适时。

那么，6G 会给我们带来什么呢？关于 6G，很多人期待有全新的"黑科技"出现，有"大惊喜"出现。很遗憾，从目前的情况来看，这个概率并不是很高。

近现代通信技术的研发演进，从电报电话发明以来，已经快两百年的时间了。虽然在这么长的时间里，科技日新月异，但实际上，最核心的基础理论几乎是在"原地踏步"。说白了，除了电磁理论，还是电磁理论。

所有通信系统的能力也一直未能突破理论框架的限制。70 多年前，克劳德·香农提出的香农公式，如今仍然像大山一样岿然不动，难以跨越。

我们引以为豪的 5G、满怀期待的 6G，在基础理论无法突破的情况下，只能算是修修补补，"榨干"电磁波的最后一点价值。速率、覆盖、能耗、密度、成本、安全……这些通信技术指标很难做到全面提升。

所以，目前行业里流行这么一个说法：5G 之后，再无新"G"。意思是 5G 是移动通信的最终形态，因为基础理论无法突破，后面只能是对技术的修修补补，性能参数上继续"挤牙膏"。这样的技术进步，已经不能称之为"G（代）"了，充其量也就是打补丁（Patch）。

其实这种说法是有一定道理的。4G 改变生活，5G 改变社会。5G 的目标是实现万物互联。这是一项长远的任务，而且并不是由技术决定的。为了没有需求的技术升级而盲目推出新一代标准，意义不大。

从目前 6G 的具体研究方向上，我们也可以看出一些端倪。5G 的主要标准是 R15 版本和 R16 版本。这之后的 R17 版本，其实就是 5G 的下一步升级目标，也指明了 6G 的一些研究方向。截至 2021 年 7 月，R17 版本讨论区收集到以下潜在方向的议题。

◎ NR Light：针对中档 NR 设备（例如 MTC、可穿戴等）的运行进行优化设计。

◎ 小数据传输优化：小数据包／非活动数据传输优化。

◎ Sidelink 增强：Sidelink 是 D2D 直联通信采用的技术，R17 版本会进一步探索其在 V2X、商用终端、紧急通信领域的应用，确定这几个应用以及在 FR2 频段（＞6 GHz）应用的最大共性。

◎ 52.6 GHz 以上频率：R15 版本中定义的 FR2 频段上限为 52.6 GHz，R17 版本将对 52.6 GHz 以上频段的波形进行研究。

◎ 多 SIM 卡操作：研究采用多 SIM 卡操作时对 RAN 的影响及对规范的影响。

◎ NR 多播 / 广播：驱动来自 V2X 和公共安全的应用。

◎ 覆盖增强：明确所有相关场景的要求，重点是极端覆盖，包括室内与更宽广的区域。

◎ 非陆地网络 NR：NR 支持卫星通信的相关标准化工作。

◎ 定位增强：工厂 / 校园定位、IoT/V2X 定位、3D 定位，实现厘米级精度，包括时延及可靠性提升。

◎ RAN 数据收集增强：包括 SON（Self-Organizing Network，自组织网络）和 MDT（Minimization of Drive Test，最小化路测）增强，采集数据以实现 AI。

◎ NB-IoT 和 eMTC 增强。

◎ IIoT 和 uRLLC 增强。

◎ MIMO 增强。

◎ 综合接入与回传增强。

◎ 非授权频谱 NR 增强。

◎ 节能增强。

大家可以看到，出现了大量"增强"的字样。这说明 R17 版本是在现有技术上的进一步升级、再升级。除了"增强"之外，还有两个关键词：非陆地网络 NR、52.6 GHz 以上频率。这两个词和几年前提出的 6G 的两大重要研究方向（低轨通信卫星、太赫兹）是有紧密关系的。太赫兹，就是 THz，1 THz 等于 1000 GHz，太赫兹是比毫米波更高的电磁波频段。

下面我们再来看看 IEEE 发布的一张图。

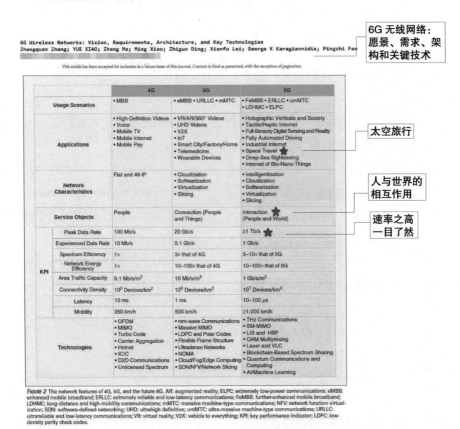

◎ IEEE 发布的 4G/5G/6G 对比

在科学家们看来，6G 要上升到宇宙空间的层面了，在太空用

6G。6G 的网络定位也上升了，它将在万物互联的基础上促进人与世界更紧密地融为一体。速度嘛，相比 5G 再翻 100 倍，达到 1 Tbit/s（1024 Gbit/s）。

不得不说，真的是非常大胆的想法。在小枣君看来，太赫兹技术不管是在手机移动宽带场景，还是物联网场景，都有很大的限制，应用前景还不明朗。卫星通信也并不适用于主流人群。现在这张 4G 网络，还有正在建设的 5G 网络，应该是未来 20 年移动通信系统的主体框架，不可能被突然冒出来的 6G、7G 完全替代。

换言之，未来的 20 年，"连接"的市场增长可能会比较缓慢，很难有颠覆性的巨变。这个领域的发展也不适合拔苗助长，应该给予充分的成长时间和空间。

对 6G 来说，技术研究和储备是必需的，但是相关技术的成型和落地还很遥远。当务之急，我们还是应该聚焦 5G，聚焦产业互联网的发展，努力推动数字经济，创造更大的效益和价值。

▷ 尾 声

5G 正在狂奔，6G 已然启动！我们所处的，就是这样一个行业和技术飞速发展的时代。稍不留神，就会错过宝贵的机遇。

无数通信人的执着追求和不懈奋斗，创造了现在发达的通信科技手段，也给全世界人民带来了福祉。未来，我们还将见证怎样的通信科技诞生？通信又将怎样改变我们的未来生活？让我们拭目以待吧！

附 录
5G 大事记

2015 年，ITU 正式发布了 5G 的愿景需求，明确了 5G 需要支持 eMBB、uRLLC 和 mMTC 三大场景。随后，3GPP 展开了 5G 技术标准化研究，来满足 ITU 对下一代移动通信网络提出的需求。

2019 年 3 月，3GPP R15 标准冻结，全面支持 eMBB 场景。

2019 年 4 月 3 日，韩国开启了 5G 网络商用，成为世界上第一个商用 5G 网络的国家。

2019 年 6 月 6 日，工信部正式发放 5G 商用牌照，标志着中国正式进入 5G 时代。

2019 年 10 月 31 日，三大运营商公布 5G 商用套餐，并于 11 月 1 日正式上线 5G 商用套餐，标志着中国正式进入 5G 商用时代。

2020 年 7 月 3 日，3GPP R16 标准冻结，标志着 5G 第一个演进版本标准完成，其中核心亮点为 uRLLC 的增强功能。

2020 年 7 月 9 日，3GPP 的 5G 标准正式被接受为 ITU 5G 技术标准。NB-IoT 也随之正式被纳入 5G 标准，成为 mMTC 场景核心技术。至此，5G 三大场景的核心支持标准已准备就绪。

2022 年 6 月 9 日，3GPP R17 标准冻结，标志着 5G 全面进入 5G-Advanced 时代。

缩略语

英文缩写	英文全称	中文名称
3GPP	3rd Generation Partnership Project	第三代合作伙伴计划
AAU	Active Antenna Unit	有源天线单元
AI	Artificial Intelligence	人工智能
AMF	Access and Mobility Management Function	接入和移动性管理功能
AMP	Advanced Manufacturing Partnership	先进制造伙伴
AMPS	Advanced Mobile Phone System	高级移动电话系统
AP	Application Processor	应用芯片（应用处理器）
AR	Augmented Reality	增强现实
ARPU	Average Revenue Per User	每用户平均收入
ASIC	Application Specific Integrated Circuit	专用集成电路
ASTM	American Society for Testing Materials	美国材料与试验协会
ATCA	Advanced Telecom Computing Architecture	先进电信计算架构
ATM	Automatic Teller Machine	自动提款机
ATM	Asynchronous Transfer Mode	异步传输方式
AUC	Authentication Center	鉴权中心
AUSF	Authentication Server Function	鉴权服务器功能
BBU	Baseband Unit	基带处理单元
BP	Baseband Processor	基带芯片（基带处理器）
BSC	Base Station Controller	基站控制器
BTS	Base Transceiver Station	基站收发台
CAPEX	Capital Expenditure	资本性支出
CBR	Constant Bit Rate	恒定比特率

英文缩写	英文全称	中文名称
CCSA	China Communications Standards Association	中国通信标准化协会
CDMA	Code Division Multiple Access	码分多址
CO	Central Office	中心机房
CoMP	Coordinated Multiple Points Transmission/Reception	多点协作传输/接收
COTS	Commercial Off-The-Shelf	商用部件法，也称商业现场品
CPE	Customer Premises Equipment	用户驻地设备，业界也称客户终端设备
CPRI	Common Public Radio Interface	通用公共无线电接口
C-RAN	Centralized RAN	集中化无线接入网
CT	Communication Technology	通信技术
CU	Centralized Unit	集中单元
D2D	Device to Device	设备到设备
DC	Data Center	数据中心
DCS	Digital Cellular System	数字蜂窝系统
DCS	Distributed Control System	分布式控制系统
DNS	Domain Name System	域名系统
D-RAN	Distributed RAN	分布式无线接入网
DSRC	Dedicated Short Range Communication	专用短距离通信
DU	Distributed Unit	分布单元
eCPRI	enhanced Common Public Radio Interface	增强型通用公共无线电接口
EIR	Equipment Identity Register	设备标识寄存器
eMBB	enhanced Mobile Broadband	增强型移动宽带
eMTC	enhanced Machine-Type Communication	增强型机器类通信
ETC	Electronic Toll Collection	电子不停车收费系统
ETCA	Enhanced ATCA	增强型 ATCA
ETSI	European Telecommunications Standards Institute	欧洲电信标准组织
EUV	Extreme Ultra-Violet	极紫外

续表

英文缩写	英文全称	中文名称
FDD	Frequency Division Duplex	频分双工
FDMA	Frequency Division Multiple Access	频分多址
FlexE	Flex Ethernet	灵活以太网
FlexO	Flex OTN	灵活光传送网络
FPC	Flexible Printed Circuit	柔性印制电路
FPGA	Field Programmable Gate Array	现场可编程门阵列
GGSN	Gateway GPRS Support Node	GPRS 网关支持节点
GPRS	General Packet Radio Service	通用分组无线业务
GSM	Global System for Mobile Communications	全球移动通信系统
HLR	Home Location Register	归属位置寄存器
HMI	Human Machine Interface	人机界面
HSS	Home Subscriber Server	归属用户服务器
IaaS	Infrastructure as a Service	基础设施即服务
ICANN	Internet Corporation for Assigned Names and Numbers	互联网名称与数字地址分配机构
IDC	Internet Data Center	互联网数据中心
IEEE	Institute of Electrical and Electronics Engineers	电气电子工程师学会
IMS	IP Multimedia Subsystem	IP 多媒体子系统
IoT	Internet of Things	物联网
IoV	Internet of Vehicles	车联网
IP	Internet Protocol	互联网协议
LPWAN	Low Power Wide Area Network	低功耗广域网
ISDN	Integrated Services Digital Network	综合业务数字网
IT	Information Technology	信息技术
ITU	International Telecommunication Union	国际电信联盟
KVM	Kernel-based Virtual Machine	基于 Linux 内核的虚拟机
L2VPN	Layer 2 Virtual Private Network	二层虚拟专用网
L3VPN	Layer 3 Virtual Private Network	三层虚拟专用网

英文缩写	英文全称	中文名称
LDS	Laser-Direct-Structuring	激光直接成型
LOS	Loss Of Signal	信号丢失
LTE	Long Term Evolution	长期演进
MAC	Medium Access Control	介质访问控制
MDT	Minimization of Drive Test	最小化路测
MEC	Mobile Edge Computing	移动边缘计算
MIMO	Multi-Input Multi-Output	多输入多输出
MME	Mobility Management Entity	移动管理实体
mMTC	massive Machine-Type Communication	海量机器类通信
M-OTN	Mobile-optimized OTN	面向移动承载优化的 OTN
MPLS	Multi-Protocol Label Switching	多协议标签交换
MR	Mixed Reality	混合现实
MSC	Mobile Switching Center	移动交换中心
NAT	Network Address Translation	网络地址转换
NB-IoT	Narrow Band Internet of Things	窄带物联网
NE	Network Element	网元
NEF	Network Exposure Function	网络开放功能
NFC	Near Field Communication	近场通信
NFV	Network Functions Virtualization	网络功能虚拟化
NR	New Radio	新空中接口
NRF	Network Repository Function	网络存储功能
NRZ	Non-Return-to-Zero	不归零
NSA	Non-Stand Alone	非独立组网
NSSF	Network Slice Selection Function	网络切片选择功能
OCh	Optical Channel	光通道
ODU	Optical Channel Data Unit	光通道数据单元
OFDM	Orthogonal Frequency Division Multiplexing	正交频分复用

续表

英文缩写	英文全称	中文名称
OFDMA	Orthogonal Frequency Division Multiplexing Access	正交频分多址
OMS	Optical Multiplex Section	光复用段
OPEX	Operating Expense	运营成本
OSI	Open System Interconnection	开放系统互连
OT	Operation Technology	操作技术
OTN	Optical Transport Network	光传送网络
OTS	Optical Transmission Section	光传输段
PaaS	Platform as a Service	平台即服务
PAM	Pulse−Amplitude Modulation	脉幅调制
PAM4	4 Pulse−Amplitude Modulation	四电平脉幅调制
PC	Personal Computer	个人计算机
PCB	Printed Circuit Board	印制电路板
PCF	Policy Control Function	策略控制功能
PCRF	Policy and Charging Rules Function	策略与计费规则功能单元
PDCP	Packet Data Convergence Protocol	分组数据汇聚协议
PGW	Public Data Network Gateway	公用数据网网关
PHY	Physical Layer	物理层
PLC	Programmable Logic Controller	可编程逻辑控制器
PLMN	Public Land Mobile Network	公共陆地移动网
PON	Passive Optical Network	无源光网络
PS	Packet Switch	分组交换，也称包交换
PSTN	Public Switched Telephone Network	公用交换电话网
PTN	Packet Transport Network	分组传送网
QoS	Quality of Service	服务质量
RAN	Radio Access Network	无线接入网
RLC	Radio Link Control	无线链路控制
RNC	Radio Network Controller	无线网络控制器

英文缩写	英文全称	中文名称
RPG	Role-Playing Game	角色扮演游戏
RRU	Remote Radio Unit	射频拉远单元
SA	Stand Alone	独立组网
SaaS	Software as a Service	软件即服务
SAR	Specific Absorption Rate	（电磁波）比吸收率
SBA	Service-Based Architecture	基于服务的架构
SCEF	Service Capability Exposure Function	业务能力开放功能单元
SCL	Slicing Channel Layer	切片通道层
SDH	Synchronous Digital Hierarchy	同步数字体系
SDN	Software Defined Network	软件定义网络
SGSN	Serving GPRS Support Node	GPRS 服务支持节点
SGW	Serving Gateway	服务网关
SMF	Session Management Function	会话管理功能
SoC	System-on-a-Chip	单片系统
SON	Self-Organizing Network	自组织网络
SPL	Slicing Packet Layer	切片分组层
SPN	Slicing Packet Network	切片分组网
SPR	Subscription Profile Repository	用户签约数据库
SR	Segment Routing	分段路由
STL	Slicing Transport Layer	切片传送层
TACS	Total Access Communication System	全接入通信系统
TCO	Total Cost of Ownership	拥有总成本
TDD	Time Division Duplex	时分双工
TDM	Time-Division Multiplexing	时分复用
TDMA	Time-Division Multiple Access	时分多址
UAV	Unmanned Aerial Vehicle	无人驾驶飞行器
UDM	Unified Data Management	统一数据管理
UMB	Ultra-Mobile Broadband	超级移动宽带

续表

英文缩写	英文全称	中文名称
UMTS	Universal Mobile Telecommunications Service	通用移动通信业务
UPF	User Plane Function	用户平面功能
uRLLC	ultra-Reliable & Low-latency Communication	低时延高可靠通信
V2X	Vehicles to Everything	车联万物
VLR	Visitor Location Register	漫游位置寄存器，也称访问位置寄存器
VM	Virtual Machine	虚拟机
VMM	Virtual Machine Monitor	虚拟机监视器
VR	Virtual Reality	虚拟现实
WCDMA	Wideband CDMA	宽带码分多址
WDM	Wavelength Division Multiplexing	波分复用
WiMAX	Worldwide Interoperability for Microwave Access	全球微波接入互操作性
WLAN	Wireless Local Area Network	无线局域网

后记 Afterword

2020 年 7 月 9 日，国际电信联盟无线电通信部门（ITU-R）国际移动通信工作组（WP 5D）第 35 次会议（#35e 远程会议）成功闭幕。会议宣布 3GPP 5G 技术（含 NB-IoT）满足各项指标要求，正式被接受为 ITU IMT-2020 5G 技术标准。

这是继 7 月 3 日 3GPP 宣布冻结 R16 版本之后的又一历史性时刻。它意味着，3GPP 已经圆满完成了 ITU 赋予它的历史使命，将完整的 5G 标准摆放在世人面前。5G 三大场景的核心支持标准全部准备就绪。

对我来说，非常巧合的是，本书经过一年多的写作，也是在这几天完成了所有的初稿。

回首往事，我不由心生感慨。

5 年前，如果有人告诉我，我会写一本关于 5G 的书，我是怎么都不会相信的。那时候我还是通信设备商的一名普通员工，每天都坐在自己的办公位上，重复着熟悉而又枯燥的工作。

结果突然有一天，因为一个简单而又冲动的念头，我辞去了那份已经干了十多年的工作，走上了创业这条"不归路"。创业的前半年，我非常迷茫，不知道自己的方向到底在哪里。因为职业习惯的原因（我曾经担任过文档经理和培训经理），我想把自己十多年的工作心得和知识积累写下来，放在微信公众号上。没想到，这些文章得到了很多读者的认可，关注人数迅速上升。

于是，这一写，就是三年多。

到目前为止，我已经累计输出了 400 多篇原创文章，加起来差不多有一百多万字。这些文章覆盖了 5G、物联网、云计算、大数据等 ICT 领域。

起初，我并没有想过要出书。直到有一天，人民邮电出版社的编辑老师和我联系，我才想到可以将这些文章换一种形式进行传播，服务更多的读者，发挥更大的作用，实现更高的价值。于是，就有了这本书的诞生。

这些年来，我和大家一样，见证了 5G 技术的成熟、5G 标准的诞生、5G 牌照的发放，还有 5G 网络的商用。万众瞩目的 5G，就这样一步一步走进了我们的生活，走进了千行百业。此时的 5G 正处于高速发展的阶段。在国家"新基建"政策的大力支持和推动下，5G 的网络规模在不断扩大，5G 的应用场景在不断落地，5G 的用户数量也在不断增加。

然而，我们仍需注意，5G 面临的很多问题依然没有得到彻底的解决。5G 的未来发展还有很长的一段路要走。这段路，也并不平坦。

此外，社会上对 5G 的质疑之声并没有消退。很多人对 5G 的价值仍然持怀疑态度。也许，这就是 5G 发展的一种常态。我们要习惯这种争议的长期存在。不管未来 5G 会怎样，我们都不能因为它可能失败而放弃尝试。

我们现在所需要做的，就是给予 5G 良好的发展土壤，努力去孵化未来的商业模式。在这个过程中，耐心是不可或缺的。正如一句话所说的："把一切交给时间，它会告诉我们答案。"

最后，感谢家人对我写作事业的理解和支持，感谢人民邮电出版社的编辑老师在本书出版过程中提供的一切帮助，也再次感谢所有读者对鲜枣课堂的关怀和鼓励！

谢谢！

周圣君（小枣君）

2021 年 5 月